大规模风电场群短路电流计算与故障分析方法研究

尹　俊◎著

·北京·

内　容　提　要

我国风电发展迅速，风力发电采用集群化开发、集中并网已成为我国风电发展的主要形式之一。

本书主要对大规模风电场群短路电流计算与故障分析方法进行了研究，主要内容包括：各类型风电机组短路电流特性与计算方法综述、故障下不同类型风电机组的短路电流特性、Crowbar投入情况下计及转子电流动态特性影响的双馈风电机组短路电流计算方法研究、计及低电压穿越控制策略影响的双馈风电机组短路电流计算与故障分析方法研究、含多类型风电机组的混合型风电场短路电流计算与故障分析方法研究、大规模风电场群短路电流计算与故障分析方法研究等。

本书结构合理，条理清晰，内容丰富新颖，可供相关工程技术人员参考使用。

图书在版编目(CIP)数据

大规模风电场群短路电流计算与故障分析方法研究 / 尹俊著. —北京：中国水利水电出版社，2018.6（2022.9重印）
ISBN 978-7-5170-6627-9

Ⅰ. ①大…　Ⅱ. ①尹…　Ⅲ. ①风力发电－发电厂－短路电流计算②风力发电－发电厂－故障诊断　Ⅳ. ①TM614

中国版本图书馆CIP数据核字(2018)第149582号

书　名	大规模风电场群短路电流计算与故障分析方法研究 DA GUIMO FENGDIAN CHANGQUN DUANLU DIANLIU JISUAN YU GUZHANG FENXI FANGFA YANJIU
作　者	尹　俊　著
出版发行	中国水利水电出版社 （北京市海淀区玉渊潭南路1号D座 100038） 网址：www.waterpub.com.cn E-mail：sales@waterpub.com.cn 电话：(010)68367658(营销中心)
经　售	北京科水图书销售中心(零售) 电话：(010)88383994、63202643、68545874 全国各地新华书店和相关出版物销售网点
排　版	北京亚吉飞数码科技有限公司
印　刷	天津光之彩印刷有限公司
规　格	170mm×240mm　16开本　10.25印张　133千字
版　次	2018年10月第1版　2022年9月第2次印刷
印　数	2001—3001册
定　价	48.00元

前 言

我国风电发展迅速，集群化开发、集中并网已成为我国风电发展的主要形式之一。目前我国已经建设完成9个千万千瓦级风电基地。然而，由于风电机组在发电机理、并网拓扑结构和控制方式等方面与同步发电机存在较大差异，使得其在故障期间的暂态特性较同步发电机发生了很大变化，故大量风电场以集群形式接入电网，给传统电力系统保护带来了巨大的挑战。其中，如何计算风电机组、场群的短路电流是分析风电场群接入电网对保护影响及研究保护新原理的基础。本书以此为题开展研究，取得的主要研究成果如下：

(1)因为风力发电机组与传统同步发电机在励磁结构、控制原理和运行特性上存在较大差异，风电的大规模接入电力系统已对电网的故障特性造成了显著影响，这给电网设备的选择、校验和继电保护配置、整定带来了新的挑战，所以有必要深入研究风力发电机的故障电流特性。本书分析了现在主要采用的双馈风电机组和永磁风电机组的短路电流特性研究现状，总结了现有研究文献中双馈风机和永磁风机短路电流的主要研究方法并指出了各种研究方法的优点和存在的不足。最后指出了现有风力发电机短路电流研究亟待解决的问题。

(2)为了研究风电机组在暂态过程中各种暂态特性，需要深入研究发生不同类型故障时风电机组的短路电流。求解风电机组的短路电流非常困难，这是因为不同类型风机的故障电流不同且与传统同步发电机差距很大。本书首先基于风电机组Park模型推导了电网发生对称短路和非对称短路故障下各种风电机组的短路电流表达式，并分析了电网故障时各种风电机组的故障过程特征。利用 PSCAD（Power Systems Computer Aided Design）搭建的风电机组仿真模型进行仿真，验证了不同类型风机的短路电流特性。为进一步研究能适应大规模风力发电接入的电网保护新原理和保护整定配置方案做好准备。

(3)提出了 Crowbar 保护电路投入情况下计及转子电流动态特性影响的双馈风机短路电流计算方法。从双馈风机暂态内电势变化机理角度出发，计及了 Crowbar 保护投入后转子电流动态过程的影响，计算了发生三相短路时双馈风机的定转子磁链，提出了一种改进的双馈风机短路电流有效值计算方法。仿真结果证明与以往假设转子 Crowbar 保护投入后转子励磁电流为零忽略其动态影响的方法相比，所提短路电流计算方法计算得到的短路电流初值和短路电流变化轨迹都具有更高的精度。

(4)提出了计及低电压穿越控制策略影响的双馈风机短路电流计算与故障分析方法。基于变流器的输入-输出外特性等值建立了变流器数学模型，进一步给出了考虑控制策略的双馈风机暂态模型。在分析低电压穿越控制策略对短路电流影响机理的基础上，提出了计及低电压穿越控制策略影响的双馈风机短路电流计算方法。并针对故障稳态时双馈风机等效电势的特性，提出了适用于 DFIG（Double Fed Induction Generator）接入的电网故障分析方法。采用 RTDS（Real Time Digital Simulator）建立了某实际双馈风电场仿真模型，验证了所提短路电流计算和故障分析方法具有较高的准确性。

(5)提出了含多类型风电机组的混合型风电场短路电流计算与故障分析方法。考虑了故障期间控制策略对风电机组暂态过程的影响，建立了双馈、永磁风电机组的单机等值模型。并在此基础上对风电机组暂态特性的主要影响因素进行分析，采用分群聚合等效的方法，提出了含多类型风机的混合型风电场简化等值模型，进一步分析了故障期间短路电流的变化机理，给出了混合型风电场的短路电流计算方法。针对故障稳态时双馈、永磁风电机组等值电路的特性，提出了适用于风电场接入的电网故障分析方法，实现了风电场接入后对电网对称、不对称故障下各支路短路电流的计算。

(6)提出了一种风电场群接入电网后的短路电流计算与故障分析方法。分析了风电场短路电流与电网节点电压的耦合关系，揭示了风电场群内部、以及场群与系统间短路电流的相互影响机理，提出了风电场群的短路电流计算方法。并针对故障稳态时各风电场等值电路的特性，提出了适用于风电场群接入的电网故障分析方法，实现了风电场群接入后对电网对称、不对称故障下各支路短路电流的计算。

笔者在撰写本书时，得益于许多同仁前辈的研究成果，既受益匪浅，也深感自身所存在的不足。希望读者阅读本书之后，对本书提出批评建议。

作者

2018 年 4 月

目 录

第1章　绪　论

1.1　本书的研究背景和意义

近年来，由于以煤炭为主的传统化石能源的日益枯竭以及环境污染问题的日益严峻，大力发展可再生型新能源已经成为我国解决能源短缺及环境污染治理的必然手段。据全国电力工业快报统计，2017 年我国新增风电并网装机容量 1503 万 kW，累计并网装机容量突破 1.5 亿 kW 大关达到 1.6367 亿 kW，已占我国全部发电装机容量的 9.2%。我国并网风电容量持续 5 年领跑全球，继 2015 年成为首个风电装机达到 1 亿 kW 的国家后，累计装机容量已占全球风电装机总容量的近 35%[1-3]。

随着以风力发电为代表的新能源电源在电网中所占比例的不断升高，其给现有电网安全运行所带来的影响也日益显现。特别是大规模风电机组接入电网后给现有电网保护装置的可靠运行带来了巨大的挑战[4-5]。如近年来甘肃酒泉风电基地发生的“2·14”“4·25”等风电机组大规模脱网事故，均存在风电场、风电场群保护装置不合理动作，造成事故脱网范围扩大的现象[6-7]。

研究并揭示风电机组、风电场接入电网后的短路电流计算方法是分析现有继电保护装置适应性以及提出保护新原理的基础。现在大规模风电机组并网后的短路电流计算方法研究正受到越来越多的关注[8-9]。但是，现有相关研究在进行含大规模风电机组电网的短路电流计算时，通常将风电机组等效为同容量的同步风电机组来考虑[10-13]。实际上，由于风电机组在发电机理、并网拓扑结构和控制方式等方面与同步发电机存在较大差异，使得其在故障期间的暂态特性较同步发电机发生了很大变化，传统的短路电流计算方法在对含风电机组的电力系统进行故障分析时不再适用[14-15]。

特别是近年来世界各国电力公司和电网运营商纷纷提出了新的风电机组并网规范。规范中要求风电机组在故障期间除了要能维持不脱网运行外，还需要通过调节控制策略向系统发出无功功率支撑电网电压的恢复，即风电机组需要具备低电压穿越(Low Voltage Ride Through，LVRT)的能力[16]。在具备低电压穿越能力后由于风电机组其暂态特性与故障期间低电压穿越控制策略密切相关[17-18]，且受风电机组变流器等电力电子器件的限流、限压特性影响[19]，都使得故障期间风电机组输出的短路电流特性更加复杂。但是目前有关计及低电压穿越控制策略影响的风电机组短路电流特性的研究还比较少。

此外集群化开发、集中并网已成为我国风电发展的主要形式之一。如何计算风电场、场群的短路电流是分析大规模风电接入对电网保护影响及研究保护新原理的基础。现有针对大规模风电场、风电场群短路电流特性的研究文献还很少，已有的研究主要采用基于建立详细时域仿真模型的方法定性地分析了大规模风电场群对电力系统短路电流水平的影响[20]。实际上风电场故障分析建模中所采用风电机组多机等效方法及风电场群内部，以及场群与系统间短路电流的相互影响都会使短路电流计算结果产生较大的误差[21]，因此有必要对大规模风电场、风电场群接入后的电网短路计算方法进行深入的研究。

1.2 国内外研究现状

近年来，国内外学者在建立双馈、永磁风电机组及风电场、风电场群的短路电流计算方法方面做了许多积极的探索和研究，并积累了一定的成果，归纳为以下几个方面。

1.2.1 Crowbar 投入情况下的双馈风电机组短路电流计算方法

双馈风电机组由于具有运行风速范围广、有功和无功可独立解耦控制等优势被风电场作为主要的机型广泛使用。以往的短路电流计算中将同步发电机作为等效的戴维南电压源串联暂态阻抗进行分析计算，由于双馈风机中采用了大量非线性的电力电子器件及其变流器控制策略的影响使得传统的短路电流计算方法在对含双馈风机的电力系统进行短路计算时不再适用[22-23]。因此现在迫切需要提出能反映双馈风电机组暂态故障特性的短路电流计算方法。

如图 1-1 所示，双馈风电机组定子侧直接接入电网，转子侧通过背靠背变流器对双馈电机进行交流励磁。在故障期间转子侧变流器的控制策略将会影响双馈风机输出的短路电流特性。现有文献主要分故障期间转子侧变流器投入撬棒(Crowbar)保护和不投入撬棒保护两种情况对双馈风机的短路电流计算和故障分析方法进行了研究。

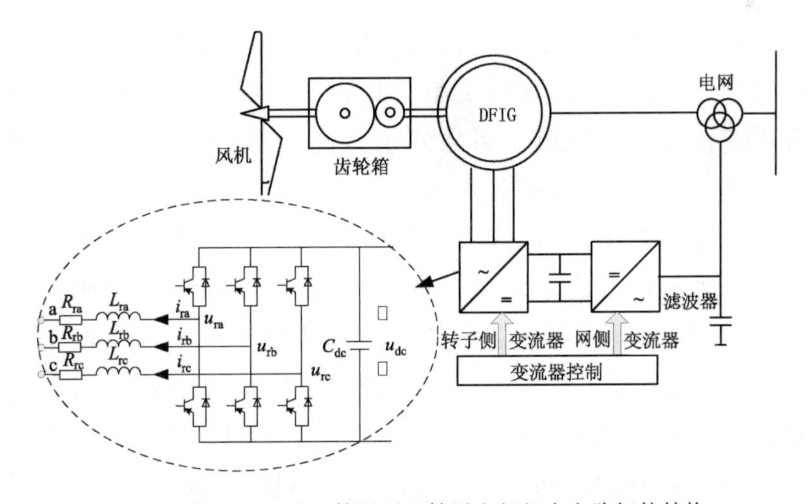

图 1-1　投入 Crowbar 情况下双馈风电机组主电路拓扑结构

在 Crowbar 投入情况下的双馈风电机组短路电流特性研究方面:文献[24]基于 Matlab/Simulink 建立了双馈风电机组的精细化仿真模型,通过仿真结果分析了不同故障类型、电压跌落深度、跌落时刻等因素对双馈风机短路电流的影响;文献[25]在转子 Crowbar 保护投入情况下,通过仿真结果定性地分析了双馈风电机组三相短路电流的组成和特点,提出双馈风电机组短路电流具有多态性,其故障电流与同步电机具有较大差异;文献[26]仿真分析了装有静止无功补偿器的双馈风电机组故障电流特性,仿真了不同无功补偿情况下双馈风电机组的短路电流特征。上述研究仅是从仿真角度定性地分析故障故障发生后双馈风机短路电流的特性,并未提出能反映故障期间双馈风机暂态特性的短路电流计算方法。

文献[27]分析了机端对称故障电压跌落为 0 情况下双馈风机的故障暂态过程,给出了对称电压跌落时定转子磁链求解公式,为计算双馈风机故障电流做了准备;文献[28-29]将 Crowbar 投入情况下的双馈风机等效为鼠笼异步发电机,并给出了双馈风机最大短路电流的计算公式,但并未进一步分析整个故障过程中双馈风机短路电流的暂态变化规律;文献[30]在前文基础上分析了电压对称跌落与恢复时双馈风机的暂态特性,给出了对应情况下的短路电流解析表达式;文献[31]进一步提出了减小短路电流计算误差的定子电压跌落系数修正方法,推导了双馈风机短路电流中周期、非周期分量的表达式。

进一步针对不对称故障情况,文献[32]分析了机端不对称故障下双馈风机的暂态全响应过程,为不对称暂态特性的研究打下了基础;文献[33]分析了撬棒接入后双馈感应发电机定转子磁链的全响应,给出了不对称电网电压跌落故障情况下的双馈风机短路电流时域表达式;文献[34-35]基于序分量法,建立了双馈风机的正、负序数学模型,进一步给出了 Crowbar 保护投入情况下的双馈风机不对称短路电流解析表达式。以上研究主要分析了空载、工频转速情况下的双馈风机短路电流计算,实际上故障发生时双馈风机的运行工况、有功无功输出水平、转速等因素都将对其输出的短路电流特性造成影响。

文献[36-37]仿真分析了不同转速及不同有功、无功输出工况等因素对短路电流的影响。但这些分析只是通过仿真结果进行的定性分析;文献[38]分析了对称故障下转速对故障电流中衰减直流分量和衰减交流分量的影响,给出了受转速影响短路电流计算公式。文献[39]建立了考虑功率控制环节的双馈风电机模型,解析研究了有功无功波动对短路电流的影响。文献[40]指出了转子侧变流器续流二极管导致的直流母线箝位效应,及其对双馈风机短路电流的影响;文献[41-42]提出了一种饱和状态的双馈感应发电机模型,分析了主磁场以及漏磁场饱和对双馈风机暂态性能的影响。

以上研究在计算 Crowbar 投入情况下的双馈风电机组短路电流时,都是假设 Crowbar 接入后的转子变流器被短接,转子电流简单假设为零,忽略了转子电流的动态过程,这与短路故障后的实际转子电流变化轨迹不符。实际上双馈风机在故障发生后 Crowbar 保护投入,由于转子磁链在故障瞬间不能突变,转子绕组中会感应出较大的转子电流,转子电流可能达到额定值的 3～5 倍,后经过数十毫秒逐渐衰减为零。忽略转子电流的这一动态过程会将会使短路电流的计算结果产生一定的误差,进而影响短路电流计算结果的准确性。

1.2.2 计及变流器控制策略影响的双馈风电机组短路电流计算与故障分析方法

为了确保电力系统的安全运行,近年来世界各国电力公司和电网运营商纷纷提出了新的风电机组并网规范。规范中要求风电机组在故障电压跌落期间除了要能维持不脱网运行外,还需要通过调节控制向系统发出无功功率支撑电网电压的恢复,即风电机组需要具备低电压穿越的能力。当系统需要双馈风机输出无功电流为电压提供支撑时，受低电压穿越控制策略的影响，转子侧变流器需为 DFIG 提供持续励磁，此时，双馈风机转子变流器不能再简单通过 Crowbar 进行闭锁[43]。

国内外已经有一些文献对并网双馈风电机故障期间转子变流器不闭锁情况下的短路电流特性进行了研究。

文献[44]考虑 Crowbar 投入、不投入等情况，仿真验证了不同控制策略情况下，双馈风机短路电流的“多态性”，指出了转子变流器不闭锁持续励磁时双馈风机会输出持续的稳态故障电流；文献[45-46]从不同低电压穿越控制策略下双馈风机励磁方式角度，仿真分析了电网发生故障时短路电流呈现的不同故障特征，验证了控制策略对双馈风机暂态特性的影响；文献[47]仿真分析了采用直流卸荷电路低电压穿越方式的双馈风机暂态过程响应，给出了直流卸荷电阻的选取方法。上述研究通过时域模型仿真的方法验证了低电压穿越方式的不同将会影响双馈风机输出的短路电流特性，但还未形成计及低电压穿越控制策略影响的双馈风电机组短路电流计算方法。

文献[48-49]在机端电压跌落程度不严重的情况下，假设故障前后转子励磁电流恒定，给出了双馈风机短路电流的解析式；文献[50]假设故障后双馈风机转子励磁电流迅速增大，由于转子变流器存在限流环节使得励磁电流在故障期间一直维持在最大限幅值，并给出了短路电流的计算式。实际上故障期间转子的励磁电流需要通过控制策略进行持续的调节，其特性更加复杂；文献[51]计及了故障期间转子变流器的动态响应特性，认为转子的励磁电流在故障前后不变，并给出了远端故障情况下的双馈风机短路电流表达式。

但上述研究都是认为故障前后转子变流器励磁电流不变，而我国风电并网标准 GB/T 19963—2011《风电场接入电力系统技术规定》[52]要求，在故障期间双馈风机需要通过低电压穿越控制策略调整转子励磁电流参考值，优先输出无功电流为系统电压提供支撑。为满足并网标准的这一要求，转子变流器励磁需根据电压跌落程度对励磁进行调节，会使故障前后转子变流器励磁电流发生变化，这将影响双馈风机输出的短路电流特性。

1.2.3　混合型风电场短路电流计算与故障分析方法

现有针对大型风电场短路电流计算方法的研究文献还比较少，已有的研究主要采用基于建立详细时域仿真模型的方法定性地分析了大规模风电场对电力系统短路电流水平的影响。

文献[53]采用单机等效风电场模型仿真验证了双馈风电场接入配电网、高压输电网及各种工况下的风电场故障暂态特性。文献[54]以希腊电网为实例，研究了风电接入系统后的暂态过程影响，并仿真分析了各种类型故障下双馈风电场的短路电流特性；文献[55-56]仿真了各类型风电机的最大、最小短路电流情况，并用仿真结果指出各类型风电场的短路电流对系统的影响。

文献[57]将双馈风电场等值为一台等容量的双馈风机，并将 Crowbar 投入后的双馈风机作为异步发电机处理，计算了双馈风电场的短路电流。文献[58]提出了一种采用等效电势和等效电抗作为特征参数，采用单机等效的双馈风电场短路电流计算简化模型，其实质仍是将 Crowbar 动作后的双馈发电机作为异步发电机进行短路电流的计算。文献[59-60]利用电气参数和输出功率求取等效风速，建立了一种永磁风电场的单机等效模型，并将其等效为恒功率电流源，计算了永磁风电场的短路电流。

但以上研究均未考虑风电场中风机的多样性，以及故障期间控制策略对短路电流的影响。而目前风电机组普遍具有低电压穿越能力，其在故障期间低电压穿越控制策略将对其短路电流特性造成很大影响；且已有部分混合型风电场在建设过程中装配了双馈、永磁两类机组，这两类风机的短路电流特性存在较大区别[61-62]。因此，忽略控制策略与风机类型的影响会使风电场短路电流计算产生较大误差，有必要考虑控制策略的影响，提出单台双馈、永磁风电机组的短路电流计算模型，进一步通过简化聚合等效提出含双馈、永磁风电机组的混合型风电场暂态模型。

关于双馈风电机组短路电流计算方法的研究现状，1.2.2节已有了详细介绍。针对单台永磁风电机组，如图1-2所示，永磁风电机组由于其通过全功率变流器将永磁发电机与电网隔离开来，使电网的电气扰动不会直接影响到永磁发电机，其故障暂态特性主要由并网侧变流器的暂态特性和控制策略所决定，与变流器控制性能、控制方式等因素有关[63-66]。

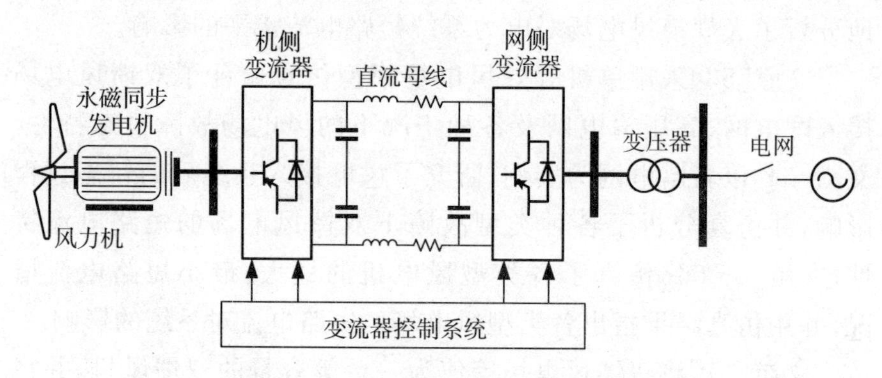

图1-2　永磁同步风力发电系统的结构图

文献[67]通过仿真结果指出并网变流器可有效隔离故障，使得永磁风电机组的短路电流具有一定程度的可控性。文献[68-69]仿真验证了不同控制策略下永磁风力发电机短路电流存在较大差异。文献[70]仿真分析了故障发生、切除全过程中的暂态特性，并仿真分析了故障位置、所接电网短路容量等因素对永磁风电机组故障电流特性的影响；文献[71]通过仿真分析指出：永磁风电机组由于其变流器控制的限流作用，对电网过流保护的影响较小，并仿真验证了风电接入位置、故障点位置、线路长度及风电接入容量、风电助增电流或分流作用对保护各段定值的影响。上述文献主要通过建立考虑变流器控制策略的详细时域仿真模型来研究控制策略对永磁风机短路电流的影响，还未形成适用于保护原理和整定计算研究的实用永磁风电机组短路电流计算方法。

文献[72-73]将永磁风电机组等效为电流源模型，其模型参数非定值，需根据永磁风机的有功无功输出迭代求得，实质仍然是一种数值模拟计算。文献[74]只考虑故障时永磁风机输出三相稳定正序电流，将故障电流初始值设为变流器最大限幅电流来迭代得到故障稳态的永磁风机短路电流。没有考虑低电压穿越控制策略，该模型的故障电流初次计算值精确度不高。上述文献试着提出了永磁风电机组的短路电流计算等值模型，但这些模型都是一种初始参数不定，需要迭代求解的模型，不适用实际故障分析中的应用。

文献[75]针对正序分量控制的永磁风电机组提出了压控电流源等值模型，通过建立与公共连接点正、负序电压之间的关系方程式，求解系统电压方程迭代得到了永磁风机接入配电网后的相间短路故障分析模型。文献[76]将故障期间的永磁风机等效为有功无功功率受控的恒功率电流源来建立简化等效模型，该模型只适用于恒功率控制策略下的永磁风机短路电流计算。而我国风电并网标准 GB/T 19963－2011《风电场接入电力系统技术规定》要求，在故障期间风机需要通过低电压穿越控制策略优先输出无功电流为系统电压提供支撑。这将影响永磁风机输出的短路电流特性，因此有必要分析永磁风机故障期间的暂态特性，提出适用于我国风电并网标准下的永磁风机短路电流计算方法和等值模型。

此外针对混合型风电场的等效建模，由于风电场装机总量可达到几十台甚至上百台，对每台机组均详细建模，会极大地增加计算难度，因此，需在分析风电机组暂态模型的基础上，提出风电场的简化聚合等效方法。文献[77]提出了一种基于双馈风机故障前工况的分组等效风电场方法，仿真结果证明该方法较单机等效风电场在模拟暂态特性时具有更高的准确型。文献[78]提出了一种基于故障期间双馈风机控制策略分组的等效风电场方法，并用仿真结果证明该方法比单机等效风电场方法有更佳的适用性。文献[79-80]提出了以故障瞬间风机转速和桨距角动作特征为分群指标的风电场简化等值方法。但上述研究主要用于简化仿真复杂度、减少计算时间，无法给出解析模型。

文献[81-82]提出了一种用于计算风电场稳态短路电流的等效模型，该模型将风电机组等效为诺顿电流源等效模型。但需要通过迭代方法，根据有功、无功电流指令值，来改变等效模型中电阻、电抗以及电压相角的大小，才能计算短路电流，其实质仍然是一种数值模拟的方法。文献[83]提出了将永磁风电场故障期间等效为恒定功率控制电流源的简化模型，但该方法只适用于故障电压跌落较小的情况，一旦电压跌落较大，永磁风电场将不能保证恒定功率控制。文献[84-85]基于风电场并网点测量值进行参数辨识，建立了风电场的辨识模型。但上述研究主要用于潮流计算与稳定性分析，在稳态时具有较高的准确度，暂态时准确度较差，不适用于风电场的故障暂态过程分析。因此有必要分析风电场故障暂态特性，提出适用于短路计算的风电场简化等值方法进一步提出适用于保护原理分析和故障整定计算的风电场故障分析方法。

1.2.4 大规模风电场群短路电流计算与故障分析方法

由于我国风力资源地域分布的特征，集群化开发、集中并网已成为我国风电发展的主要形式[86-87]。目前我国正在规划建设9个千万kW级风电基地。大量的风电场采用集群形式接入电网，这给传统电力系统保护带来了巨大的挑战。

现在一些现场数据表明在风电场群集中接入的某些地区，风电产生了较大的故障电流，严重时甚至会超过系统侧提供的短路电流[88]，因此，为满足保护动作特性评估对短路电流计算精度的要求，需要分析风电场群接入的影响，提出相应的短路电流计算方法。

现在已有一些文献关注了大规模风电场群并网所带来的问题。文献[89-90]分析了大容量风电场接入后对电网暂态稳定性的影响；文献[91-92]以实例说明了大规模风场群脱网事故对电网造成的危害。上述文献主要关注了大规模风电场群并网后对电力系统安全稳定方面造成的影响，还未见有风电场群接入后的短路计算和故障分析方法的研究。

现有研究中大多是将风电场群等效为一台等容量的风电机组来考虑[93-95]。而集中并网的各个风电场按风资源特性分布，实际距离较远，且各风电场的容量、运行工况不同，使其在故障后的暂态特性存在较大差异。此外，风电场群内部各风电场间以及风电场群与系统之间短路电流存在较强的耦合关系，忽略其影响将会给短路计算结果带来较大误差。

因此，不能简单按单个风电机组的短路电流计算方法进行研究，有必要分析故障后场群内各风电场间的相互影响机理，进一步提出风电场群接入后的短路电流计算与故障分析方法。

1.3 本书研究内容和技术路线

集群化开发、集中并网已成为我国风电发展的主要形式。由于风电机组中采用了大量非线性的电力电子器件及其变流器控制策略的影响使得传统的短路电流计算方法在对含风电机组的电力系统进行短路计算时不再适用。因此有必要在深入研究风电机组故障期间暂态特性的基础上，提出适应大规模风电场群接入后电网短路电流计算与故障分析方法。

为此，本书在研究故障期间变流器控制策略影响机理的基础上，提出了单台双馈、永磁风电机组接入电网后的短路电流计算方法；进一步在分析所提单台风机短路电流计算等值电路特性的基础上，根据风电机组暂态特性的主要影响因素对风电场进行分群聚合等效提出了适用于混合型风电场接入的电网短路电流计算方法；最终在分析风电场群内部，以及场群与系统间短路电流相互影响机理的基础上，提出了风电场群接入后电网短路电流计算方法。

本书总体研究技术路线如图 1-3 所示。

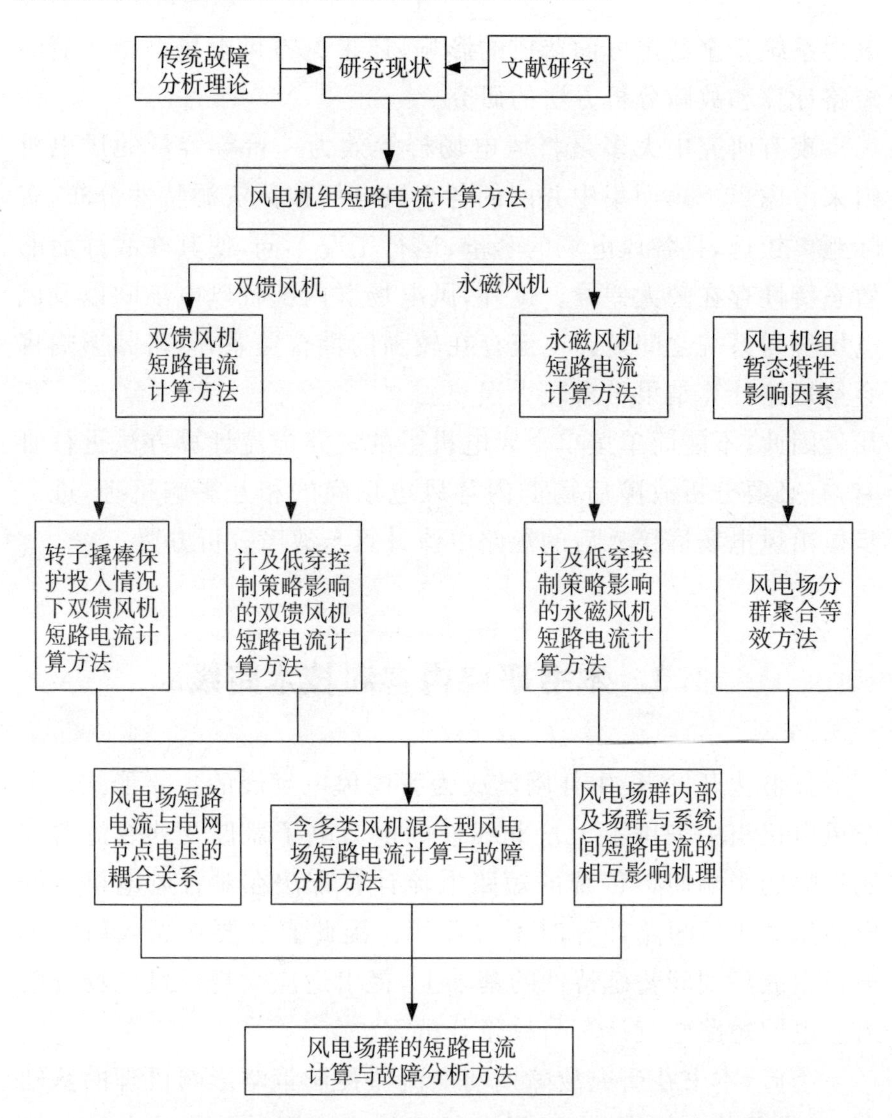

图 1-3　风电场群短路电流计算与故障分析方法总体研究技术路线

本书系统地研究了风电机组单机、混合型风电场和风电场群接入电网后的短路电流计算与故障分析方法，本书的主要成果及创新点如下：

(1)因为风力发电机组与传统同步发电机在励磁结构、控制原理和运行特性上存在较大差异，风电的大规模接入电力系统已对电网的故障特性造成了显著影响，这给电网设备的选择、校验和继电保护配置、整定带来了新的挑战，所以有必要深入研究风力发电机的故障电流特性。本书分析了现在主要采用的双馈风电机组和永磁风电机组的短路电流特性研究现状，总结了现有研究文献中双馈风机和永磁风机短路电流的主要研究方法并指出了各种研究方法的优点和存在的不足。最后指出了现有风力发电机短路电流研究亟待解决的问题。

(2)为了研究风电机组在暂态过程中各种暂态特性，需要深入研究发生不同类型故障时风电机组的短路电流。求解风电机组的短路电流非常困难，这是因为不同类型风机的故障电流不同且与传统同步发电机差距很大。本书首先基于风电机组 Park 模型推导了电网发生对称短路和非对称短路故障下各种风电机组的短路电流表达式，并分析了电网故障时各种风电机组的故障过程特征。利用 PSCAD (Power Systems Computer Aided Design) 搭建的风电机组仿真模型进行仿真，验证了不同类型风机的短路电流特性。为进一步研究能适应大规模风力发电接入的电网保护新原理和保护整定配置方案做好准备。

(3)提出了 Crowbar 保护电路投入情况下计及转子电流动态特性影响的双馈风机短路电流计算方法。从双馈风机暂态内电势变化机理角度出发，计及了 Crowbar 保护投入后转子电流动态过程的影响，计算了发生三相短路时双馈风机的定转子磁链，提出了一种改进的双馈风机短路电流有效值计算方法。仿真结果证明与以往假设转子 Crowbar 保护投入后转子励磁电流为零忽略其动态影响的方法相比，所提短路电流计算方法计算得到的短路电流初值和短路电流变化轨迹都具有更高的精度。

(4)提出了计及低电压穿越控制策略影响的双馈风机短路电流计算与故障分析方法。基于变流器的输入一输出外特性等值建立了变流器数学模型，进一步给出了考虑控制策略的双馈风机暂态模型。在分析低电压穿越控制策略对短路电流影响机理的基础上，提出了计及低电压穿越控制策略影响的双馈风机短路电流计算方法。并针对故障稳态时双馈风机等效电势的特性，提出了适用于DFIG（Double Fed Induction Generator）接入的电网故障分析方法。采用RTDS（Real Time Digital Simulator）建立了某实际双馈风电场仿真模型，验证了所提短路电流计算和故障分析方法具有较高的准确性。

（5）提出了含多类型风电机组的混合型风电场短路电流计算与故障分析方法。考虑了故障期间控制策略对风电机组暂态过程的影响，建立了双馈、永磁风电机组的单机等值模型。并在此基础上对风电机组暂态特性的主要影响因素进行分析，采用分群聚合等效的方法，提出了含多类型风机的混合型风电场简化等值模型，进一步分析了故障期间短路电流的变化机理，给出了混合型风电场的短路电流计算方法。针对故障稳态时双馈、永磁风电机组等值电路的特性，提出了适用于风电场接入的电网故障分析方法，实现了风电场接入后对电网对称、不对称故障下各支路短路电流的计算。

（6）提出了一种风电场群接入电网后的短路电流计算与故障分析方法。分析了风电场短路电流与电网节点电压的耦合关系，揭示了风电场群内部以及场群与系统间短路电流的相互影响机理，提出了风电场群的短路电流计算方法。并针对故障稳态时各风电场等值电路的特性，提出了适用于风电场群接入的电网故障分析方法，实现了风电场群接入后对电网对称、不对称故障下各支路短路电流的计算。

第2章 各类型风电机组短路电流特性与计算方法综述

2.1 引 言

在风力发电发展初期，由于其在电网中所占比例小，电力系统的故障分析中通常将风力发电机当作一个负的负荷来考虑，忽略其对短路电流的贡献或者将风力发电机简单等效为同步发电机处理[96]。但是随着并网风电场数量和规模的不断扩大，风电场输出的短路电流对电网所造成的影响已经不容忽视，在风电场大规模集中并网的地区，发生故障时风电场提供的短路电流可能会超过系统侧提供的短路电流。

现在风电场中主要采用的是双馈、永磁风电机组，其在励磁结构、控制原理和运行特性上与传统同步发电机具有较大差别，且风电机中大量采用的电力电子器件具有强非线性和高阶耦合等特点，使得含风电机组的电力系统的故障暂态特性发生显著变化[97]，简单将风力发电机当作一个负的负荷或者将风力发电机等效为同步发电机将使短路电流的计算结果产生较大的误差。

特别是在现有风电低电压穿越并网要求下，电网故障时风电机组必须保持一定时间的并网运行甚至向电网提供功率支撑，风电机所提供的短路电流将会对电力系统保护产生显著影响[98]，因此在进行电网设备的选择、校验和继电保护配置、整定时，必须考虑风电场提供的短路电流的影响；有必要深入研究包含风电机组的新型电力系统的故障短路电流特性及其分析计算方法。

本章主要分析了现在的主流变速型风电机中的双馈风电机组和永磁风电机组的短路电流特性研究现状,在此基础之上进行分析总结,并指出了亟待研究解决的问题。

2.2 双馈风电机组的短路电流特性研究

2.2.1 双馈风电机组的短路电流特性研究现状

如图 2-1 所示是双馈型风电机组系统,双馈型风电机组定子直接接到电网,转子通过变流器接入电网,通过转子变流器的控制可以实现对双馈风机的励磁,还可以实现有功无功的解耦控制提供无功支撑等功能。当双馈风机机端发生短路故障时,定子由于直接接入电网表现出异步电机的故障特性,转子变流器由于其低电压控制策略不同,使转子励磁发生变化也会影响到双馈风机的暂态短路电流特性。所以双馈风机故障特性实际上是定子产生的异步电机故障特性与转子变流器低电压穿越控制的共同作用的结果,其与传统异步电机、同步电机的暂态短路电流特性都存在较大的差异。

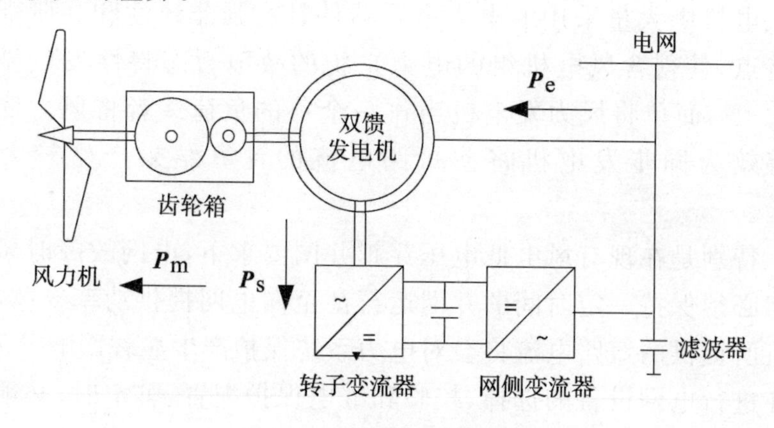

图 2-1 双馈型风电机组系统

国内外已经有一些文献对并网双馈风电机组的故障电流暂态特征进行了研究，主要的研究方法有时域数值模型仿真法、物理过程分析法和频域解析法等。

2.2.2 时域数值模型仿真法

该方法通过建立双馈机组精细化的时域仿真模型进行时域数字模拟仿真得到短路电流，该方法具有较高的准确性，常作为验证其他方法是否准确的真值来使用。

现有文献基于 PSCAD、Matlab、DIgSILENT、RTDS 等仿真软件建立的精细化仿真模型，首先仿真研究了并网后双馈机组单机在不同故障类型和运行工况等影响因素下短路电流特性；进一步研究了双馈风电场接入配电网或高压输电网的短路电流特性；并在此基础之上研究了双馈风电机组对过流保护等继电保护方面的影响。

在并网后双馈机组短路电流特性研究方面：文献[99]建立了 Matlab/Simulink 仿真模型，分析了故障类型、跌落深度、跌落时刻以及阻抗角等因素对双馈风机短路电流的影响；文献[100]在转子 Crowbar 保护投入情况下，定性地分析了双馈风电机组三相短路电流的组成和特点，提出双馈风电机组短路电流具有多态性，其故障稳态电流与同步电机具有较大差异；文献[101]仿真分析了装有静止无功补偿器的双馈风电机组故障电流特性，发现电网故障时静止无功补偿装置会使得风电机组提供的短路电流增大。

进一步，针对双馈风电场并网之后的短路电流特性：文献[102]采用单机、多机等效风电场模型仿真验证了风电场接入配电网，高压输电网及各种工况下风电场故障暂态特性。文献[103]以希腊电网为实例，研究了风电接入系统后的暂态过程影响，并仿真分析了各种类型故障下双馈风电场的短路电流特性；文献[104]仿真了各类型风电机的最大、最小短路电流情况，并用仿真结果指出各类型风电场的短路电流对系统的影响。

针对双馈风电机组对继电保护方面的影响方面:文献[105]建立了 RTDS 实时仿真模型,分析了双馈风电机组接入对配电网过流保护的影响;文献[106]分析了具备低电压穿越能力的双馈风电场故障暂态特征,发现故障情况下风电场侧短路电压、电流频率不同会使原有工频保护不能正常动作;文献[107]分析了双馈风电场对送出线保护的影响,仿真结果表明不对称故障三相电流相近主要为零序电流;这使得风电场侧方向、距离、选相元件均无法保证正确动作。

基于时域数值模型仿真法的双馈风机短路电流研究需要通过仿真软件建立详细的时域仿真模型,需要计算机进行大量运算,不适合工程应用,且得到的故障电流是包含谐波、直流分量在内的时域故障全量,不便分析各个分量的物理意义及变化规律。

2.2.3 物理过程分析法

该方法通过研究故障暂态过程中定转子磁链等参量的变化机理分析得到短路电流的时域表达式。该方法物理概念清晰,能清晰反映暂态过程物理本质,并通过解析计算得到短路电流的解析解。

现有文献基于故障暂态过程中定转子磁链等参量的变化机理,针对对称故障分析研究了双馈风机不同电压跌落程度的短路电流的时域表达式;进一步针对不对称故障采用对称分量法给出了不对称故障双馈风机的短路电流表达式;并在前面研究的基础上分析运行工况、有功无功输出水平、负载大小、转速、故障发生时间等影响因素对风电机组短路电流特性的影响;进一步还分析了低电压穿越期间变流器控制策略对短路电流的影响。

在对称故障短路电流特性研究方面：文献[108]分析了机端对称故障电压跌落为 0 情况下双馈风电机组的故障暂态过程，给出了对称电压跌落时定转子磁链求解公式，为计算故障电流计算做了准备；文献[109]将 Crowbar 投入情况下的双馈风机等效为鼠笼异步发电机，分并给出了双馈风机最大短路电流的计算公式；文献[110]分析了电压对称跌落与恢复时双馈风电机组的动态特性，给出了对应情况下的短路电流解析表达式；文献[111]提出减小短路电流计算误差的定子电压跌落系数修正方法，推导了短路电流周期、非周期分量和转子频率分量的表达式。

进一步针对不对称故障情况：文献[112]分析了机端不对称故障下双馈风电机组的暂态全响应过程，为不对称暂态特性的研究打下了基础；文献[113]分析了撬棒接入后双馈风电机组定转子磁链的全响应，给出了不对称电网电压跌落故障情况下的双馈风机短路电流时域表达式；文献[114]基于序分量法，建立了双馈风机的正、负序数学模型，进一步给出了 Crowbar 保护投入情况下的双馈风机不对称短路电流解析表达式。

在前面研究的基础上一些文献分析了运行工况等因素对风电机组短路电流特性的影响：文献[115,116]仿真分析了转速及不同有功、无功输出工况等因素对短路电流的影响。但这些分析只是通过仿真结果进行的定性分析；文献[117]分析了对称故障下转速对故障电流中衰减直流分量和衰减交流分量的影响，给出了受转速影响短路电流计算公式；文献[118]建立了考虑功率控制环节的双馈风电机组模型，解析研究了有功无功波动对短路电流的影响；文献[119]指出由转子侧变流器续流二极管导致的直流母线箝位效应的存在，及其对短路电流的影响；文献[120]提出了一个饱和状态的双馈风电机组模型，分析了主磁场以及漏磁场饱和对双馈风电机组暂态性能的影响。

在此基础之上一些文献还分析了低电压穿越变流器控制策略对短路电流影响：文献[121]从不同低电压穿越控制策略下双

馈风机励磁方式角度，仿真分析了电网发生故障时短路电流呈现的“多态”故障特征；文献[122]通过仿真分析了撬棒的不同投切时间对转子电流和发电机输出无功功率的影响；文献[123]研究分析了故障期间 Crowbar 电路始终不投入情况下转子侧和网侧变换器控制策略对双馈风电机组对称故障特性的影响，给出了对应情况下故障定转子短路电流的表达式；文献[124]分析了采用直流卸荷电路低电压穿越方式的暂态过程响应，并提出直流卸荷电路控制策略时双馈风机短路电流求解公式。

物理过程分析法求解定转子磁链过程当中有较多的简化，可能对故障电流计算的精度产生一定的影响，在频率成分和衰减时间常数分析上也存在分歧；针对运行工况、转速等因素对风电机短路电流的影响缺少定量和机理的研究；只研究了投不投入 Crowbar、Crowbar 不同投入时间的影响，还缺少不同低电压穿越变流器控制策略对短路电流影响的进一步研究。

2.2.4 频域解析法

该方法是将故障后风电机组分解为稳态等效电路模型和反向故障分量等效模型的叠加，通过拉普拉斯频域变换求解定子电流的频域状态方程，进一步得到时域的短路电流表达式。该方法可以与传统同步发电机短路电流计算方法进行类比，对暂态物理过程进行解析，所得到的短路电流表达式能够反映与电机参数的定量关系，方便对暂态过程中各电流分量进行分析。

文献[125]类比同步发电机将双馈风机等效为稳态模型和故障反向电压的叠加，得到了对称故障下故障电流的频域短路电流表达式，但解析解中各频率分量幅值和初相位的计算方法太过复杂；文献[126]通过对简化暂态电压方程组的频域分析得到了定子电流的时域表达式，但该表达式实质仍然是一种数值模拟的方法，不是暂态电流的解析表达式；文献[127]通过频域解析和叠加方法分析了电网电压跌落时刻，不同电压相角所激起的双馈风机电磁过渡过程，求解了暂态电流近似表达式；文献[128]对双馈风电机组 Park 坐标系模型进行频域分析，推导出基于 $d-q$ 轴下短路定转子电流的解析表达式。

文献[129]将三相短路过程分解为稳态运行和反向电压暂态运行的叠加，分析了短路电流中直流分量、交流基波分量和交流谐波分量的变化规律，该方法需要 Maple 软件对数学模型计算，不适用于工程计算；文献[130]考虑了定子侧电压故障分量、转子侧电压故障分量及 Crowbar 电路投入引起的暂态冲击作用，将电网故障后电机的电磁暂态过程处理为不同状态的叠加；文献[131]频域推导了故障期间 Crowbar 投入、Crowbar 切出以及故障期间 Crowbar 始终未投入等情况下双馈风电机组的短路电流计算公式，分析了故障全过程的暂态响应特性。

但频域解析法中对双馈风电机组电磁暂态过程的分析还没有形成统一故障分析的模型，用于求解各频率分量幅值和初相位的暂态参数还缺乏充分研究，表达式计算中复杂拉普拉斯变化需要大量的计算，不太适用于实际工程当中的短路计算。表 2-1 为双馈型风电机组的短路电流特性研究方法比较。

表 2-1　双馈型风电机组的短路电流特性研究方法比较

双馈风电机组短路电流研究方法	优　　点	缺　　点
时域数值模型仿真法	该方法具有较高的准确性，常作为验证其他方法是否准确的真值来使用	需要计算机建立模型仿真，不适合工程应用，得到的是时域故障全量
物理过程分析法	物理概念清晰，能清晰反映暂态过程物理本质	求解磁链存在简化，影响精度，在频率成分和衰减时间常数分析上存在分歧
频域解析法	可与同步机短路计算方法类比，所得表达式方便对暂态过程各电流分量进行分析	没有统一故障分析的模型，频域变换需要大量的计算，不适用于工程中短路计算

2.3 永磁风电机组的短路电流特性研究

2.3.1 永磁风电机组的短路电流特性研究现状

如图 2-2 所示是永磁风电机组系统，永磁风电机组由于其通过全功率变流器将永磁风机与电网隔离开来，使电网的电气扰动不会直接影响到永磁风电机组，其短路电流暂态特性主要由并网变流器控制和保护策略决定，与变流器控制性能、控制方式等因素有关。由于全功率变流器的限流保护和隔离作用，电网故障时永磁风电机组短路电流对电网的影响较小。但是对于电力系统故障分析而言，其冲击电流的大小、暂态衰减时间常数、故障过程中变流器控制情况等特征也会对系统造成影响，同样需要关注。

现有文献主要通过建立考虑变流器控制策略的详细时域仿真模型和建立需要迭代求解的短路计算等值简化模型两种方法来研究永磁风电机组的短路电流特性。

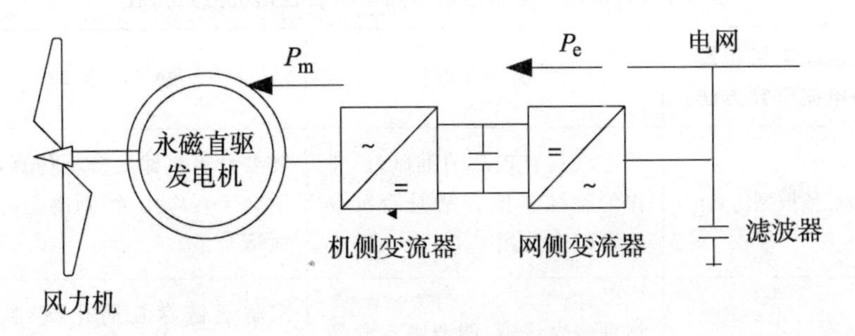

图 2-2　永磁风电机组系统

2.3.2 详细时域模型仿真法

建立考虑变流器控制策略的详细时域仿真模型方面：文献[132]通过仿真结果指出并网变流器可有效隔离故障，永磁风电机组的短路电流具有一定程度的可控性。文献[133]仿真验证了不同控制策略下永磁风电机组短路电流存在较大差异；文献[134]仿真分析了故障发生、切除全过程中的暂态特性，并仿真分析了故障位置、所接电网短路容量等因素对永磁风电机组故障短路电流特性的影响；文献[135]通过仿真分析指出：永磁风电机组由于其变流器的限流作用，对过流保护的影响较小，并仿真验证了风电机组接入位置、故障点位置、线路长度及风电机组接入容量、助增电流或分流作用对保护各段定值的影响。

2.3.3　需要迭代求解的简化模型法

建立需要迭代求解的短路计算简化等值模型方面：文献[136]将永磁风电机组等效为戴维宁等效电流源模型，其模型参数非定值，需根据有功无功输出迭代求得，实质仍然是一种数值模拟计算；文献[137]只考虑故障时永磁风机输出三相稳定正序电流，将永磁风机故障电流初始值设为变流器最大电流来迭代，得到故障稳态时的永磁风机短路电流。没有考虑永磁风机低电压穿越控制策略，故障电流初次计算值精确度不高；文献[138]针对正序分量控制的永磁风电机组提出了压控电流源等值模型，通过建立与并网点正、负序电压之间的关系方程式，求解系统电压方程，迭代计算得到了永磁风电机组接入配电网后的相间短路电流计算方法。表 2-2 为永磁型风电机组的短路电流特性研究方法比较。

表 2-2　永磁型风电机组的短路电流特性研究方法比较

永磁风电机组短路电流研究方法	优　点	缺　点
考虑变流器控制策略时域仿真模型法	可以考虑不同低电压穿越控制策略，得到较准确的短路电流	需要计算机进行建模模拟运算，不适合工程计算
简化模型法	类似同步机短路计算方法，方便进行短路计算	简化模型暂态参数非定值，需要经迭代求解

2.4 本章小结

双馈风电机组的短路电流特性，受到双馈风机变流器控制策略和运行工况、风速等多方面因素的影响。关于变流器控制策略影响的研究还多为定性仿真，缺乏相关数学解析研究；关于运行工况、风速、有功无功输出水平、负载大小、故障发生时间等因素的影响研究，还只是定性的仿真分析，缺乏定量和机理的研究。

关于永磁风电机组短路电流计算简化等值模型的研究还较少，现有研究主要通过建立详细时域仿真模型和需要迭代求解的等值模型来分析永磁风电机组的短路电流特性。时域仿真模型不能解析求解短路电流，所建立的需要迭代求解的模型多为参数非定值的模型，其参数需要经系统方程迭代求得，实际是一种数值模拟计算，永磁风电机组的短路电流计算方法还有待进一步研究。

第3章　故障下不同类型风电机组的短路电流特性

3.1　引　言

随着风电并网容量的不断增大，人们开始越来越关注大规模的风电场及场群对电力系统所带来的影响。大规模的风电电源集中接入电力系统后，彻底地改变了电力系统故障后电磁暂态特征，风电与传统电源（如火电电源）提供的短路电流特征呈现出本质区别，传统的保护原理和故障检测方法将受到巨大影响，可能导致保护无法正常工作。因此，深入研究风电机组在暂态过程中的各种暂态特性，进而得到含大规模风电场及场群电力系统的电磁暂态特征就显得十分重要。

目前，针对风电机组暂态过程已经进行了较多的研究，但这些研究主要关注风电机组本身的运行控制方法和低电压穿越控制策略，关于风电机组故障电流的研究主要以仿真为主，对暂态过程中故障电流的特性分析和理论分析还十分有限。

文献[139]研究了电网对称故障时各种励磁控制等因素，提出了机端电压跌落为30%额定电压时可以保持DFIG不脱网的控制方法。文献[140]提出了一种基于增加定子反馈电流低电压穿越控制方法，该方法与转子加Crowbar电阻方法相比具有造价成本低的优势。

另外，文献[141]基于磁链在故障发生时不会发生突变，推导出DFIG的短路电流表达式，但只考虑了对称故障电压跌落至0，且 Crowbar 电阻投入转子电流为 0 的特殊情况；文献[142]分析了发生对称和不对称故障时 DFIG 的短路电流，但该方法只考虑了电压跌落程度较低，Crowbar 电阻不用投入的特殊情况。文献[143]对不同类型风电机组在对称故障、不对称故障发生时的故障电流进行了仿真，得到了故障电流发展趋势；文献[144]推断出了 $d-q$ 坐标系下 DFIG 短路电流的表达式，但该公式较复杂，不适用于实际电流保护设定值的计算和研究。

新的风电运行准则要求风电机组应该具备低电压穿越的能力，因此研究风电机组的故障电流暂态特性就显得十分必要。一方面故障电流的瞬间最大峰值会对电网内设备的安全运行造成威胁，另一方面故障电流的大小还会影响到电网中电流保护的整定值、灵敏度、保护配合，影响保护的正常运行。本章基于故障发生时风电机组 Park 模型中磁链变化的情况推导出不同故障发生时风电机组的故障过程，得出了故障电流在不同故障情况下的暂态特性，最终推导出了短路电流的表达式，利用 PSCAD 搭建的风电机组仿真模型进行仿真，验证了其短路电流表达式的正确性。

3.2 鼠笼型风电机组短路电流暂态特性

鼠笼发电机和电动机的结构、工作原理基本相同，只是运行方式和条件不同，由于鼠笼电动机在工业中得到广泛的应用，暂态过程的相关理论研究已经很成熟，这些研究成果可以借鉴到鼠笼型风电机组的研究中。当然由于运行条件不同，二者还是有差别的，如鼠笼发电机存在鼠笼电动机不存在的暂态稳定问题，从理论上分析和研究这些问题有助于风力发电技术的发展和完善（图 3-1～图 3-3）。

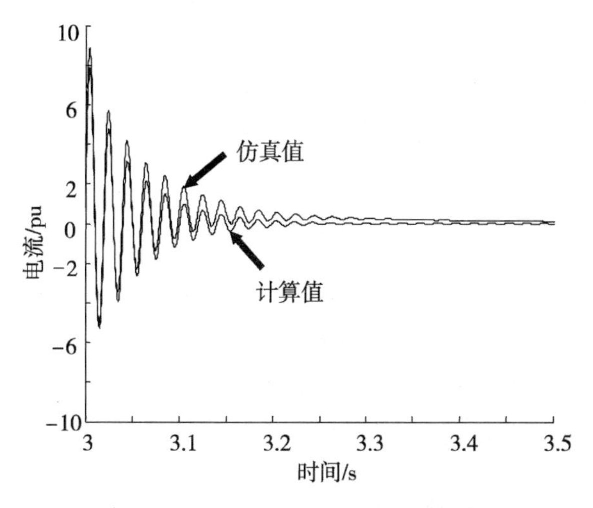

图 3-1　三相短路时鼠笼风电机组 A 相短路电流仿真值与计算值比较

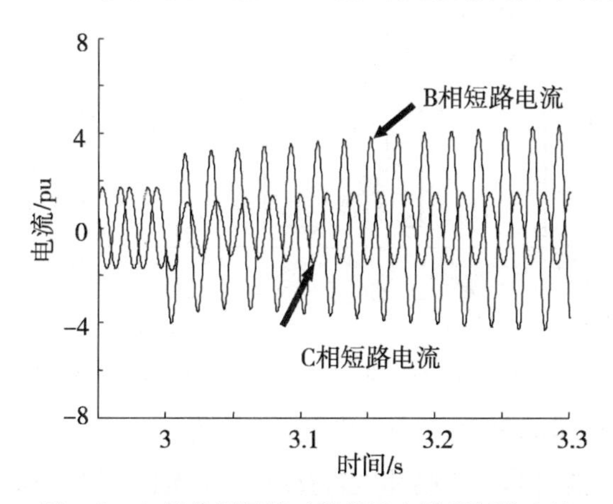

图 3-2　A 相单相短路时鼠笼风电机组短路电流

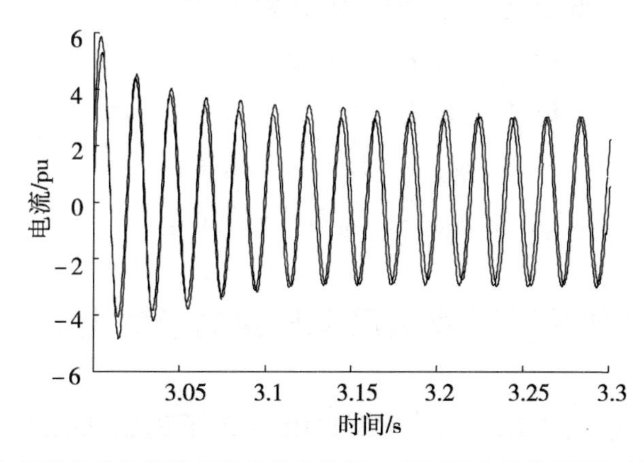

图 3-3　A 相发生单相短路时鼠笼风电机组 A 相短路电流仿真值与计算值比较

3.3 双馈型风电机组故障电流暂态特性

由于三相静止坐标系下 DFIG 的数学模型是非线性、强耦合并且时变性的，依据该模型进行故障暂态过程的分析比较困难，因此需要通过坐标变换的方法简化 DFIG 的数学模型。采用 Park 变化将 DFIG 模型转化至与电机同步转速旋转的 $d-q$ 坐标系下的线性常系数模型，DFIG 等效电路模型如图 3-4 所示。

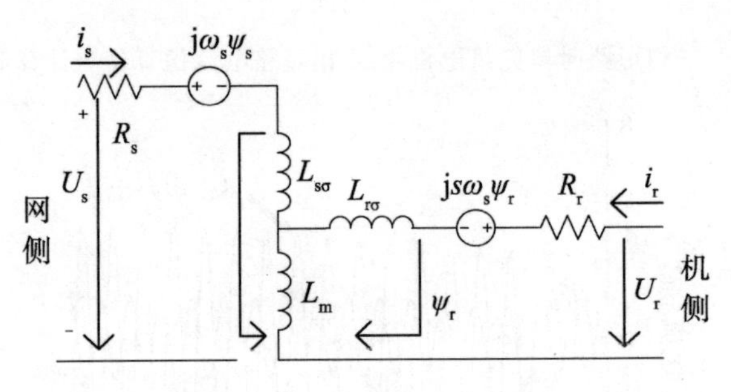

图 3-4　DFIG 的等效电路模型

图 3-4 中 U_s、i_s、$\boldsymbol{\psi}_s$ 分别为定子电压、电流和磁链，U_r、i_r、$\boldsymbol{\psi}_r$ 为归算到定子侧的转子电压、电流和磁链，L_m 为励磁电感，R_s、$L_{s\sigma}$ 分别为定子电阻和定子漏电感，R_r、$L_{r\sigma}$ 分别为归算到定子侧的转子电阻和转子漏电感。忽略磁饱和现象，其等效数学模型为：

$$\begin{cases}\boldsymbol{U}_{sdq} = R_s\boldsymbol{I}_{sdq} + \mathrm{d}\,\boldsymbol{\psi}_{sdq}/\mathrm{d}t \\ \boldsymbol{U}_{rdq} = R_r\boldsymbol{I}_{rdq} + \mathrm{d}\,\boldsymbol{\psi}_{rdq}/\mathrm{d}t + \mathrm{j}\omega\,\boldsymbol{\psi}_{rdq}\end{cases} \tag{3-1}$$

$$\begin{cases}\boldsymbol{\psi}_{sdq} = L_s\boldsymbol{I}_{sdq} + L_m\boldsymbol{I}_{rdq} \\ \boldsymbol{\psi}_{rdq} = L_m\boldsymbol{I}_{sdq} + L_r\boldsymbol{I}_{rdq}\end{cases} \tag{3-2}$$

3.3.1 对称故障下双馈风电机组的短路电流特性

由式(3-1)、式(3-2)可以得到由定转子磁链表示定转子电流的表达式为：

$$i_{\mathrm{s}} = \frac{\boldsymbol{\psi}_{\mathrm{s}}}{L_{\mathrm{s}\sigma} + \dfrac{L_{\mathrm{r}\sigma}L_{\mathrm{m}}}{L_{\mathrm{r}\sigma} + L_{\mathrm{m}}}} - \frac{L_{\mathrm{m}}}{L_{\mathrm{r}\sigma} + L_{\mathrm{m}}} \frac{\boldsymbol{\psi}_{\mathrm{r}}}{L_{\mathrm{s}\sigma} + \dfrac{L_{\mathrm{r}\sigma}L_{\mathrm{m}}}{L_{\mathrm{r}\sigma} + L_{\mathrm{m}}}} \tag{3-3}$$

$$i_{\mathrm{r}} = -\frac{L_{\mathrm{m}}}{L_{\mathrm{s}\sigma} + L_{\mathrm{m}}} \frac{\boldsymbol{\psi}_{\mathrm{s}}}{L_{\mathrm{r}\sigma} + \dfrac{L_{\mathrm{s}\sigma}L_{\mathrm{m}}}{L_{\mathrm{s}\sigma} + L_{\mathrm{m}}}} + \frac{\boldsymbol{\psi}_{\mathrm{r}}}{L_{\mathrm{r}\sigma} + \dfrac{L_{\mathrm{s}\sigma}L_{\mathrm{m}}}{L_{\mathrm{s}\sigma} + L_{\mathrm{m}}}} \tag{3-4}$$

定义定子、转子稳态电感为：

$$\begin{aligned} L_{\mathrm{s}} &= L_{\mathrm{s}\sigma} + L_{\mathrm{m}} \\ L_{\mathrm{r}} &= L_{\mathrm{r}\sigma} + L_{\mathrm{m}} \end{aligned} \tag{3-5}$$

定义定子、转子暂态电感为：

$$\begin{cases} L'_{\mathrm{s}} = L_{\mathrm{s}} - \dfrac{L_{\mathrm{m}}^2}{L_{\mathrm{r}}} = L_{\mathrm{s}\sigma} + \dfrac{L_{\mathrm{r}\sigma}L_{\mathrm{m}}}{L_{\mathrm{r}\sigma} + L_{\mathrm{m}}} \\ L'_{\mathrm{r}} = L_{\mathrm{r}} - \dfrac{L_{\mathrm{m}}^2}{L_{\mathrm{s}}} = L_{\mathrm{r}\sigma} + \dfrac{L_{\mathrm{s}\sigma}L_{\mathrm{m}}}{L_{\mathrm{s}\sigma} + L_{\mathrm{m}}} \end{cases} \tag{3-6}$$

定义定子、转子互感因子为：

$$k_{\mathrm{s}} = \frac{L_{\mathrm{m}}}{L_{\mathrm{s}}}, k_{\mathrm{r}} = \frac{L_{\mathrm{m}}}{L_{\mathrm{r}}} \tag{3-7}$$

定转子磁链表示定转子电流的表达式可简化为：

$$\begin{cases} i_{\mathrm{s}} = \dfrac{\boldsymbol{\psi}_{\mathrm{s}}}{L'_{\mathrm{s}}} - k_{\mathrm{r}} \dfrac{\boldsymbol{\psi}_{\mathrm{r}}}{L'_{\mathrm{s}}} \\ i_{\mathrm{r}} = -k_{\mathrm{s}} \dfrac{\boldsymbol{\psi}_{\mathrm{s}}}{L'_{\mathrm{r}}} + \dfrac{\boldsymbol{\psi}_{\mathrm{r}}}{L'_{\mathrm{r}}} \end{cases} \tag{3-8}$$

由于 DFIG 的电感特性，在电网故障前后，定转子的磁链是连续变化的，可通过研究磁链的暂态变化过程以得到故障电流的暂态值。正常运行时，定子电压空间矢量幅值为一常数 U_{s}，以同步转速 ω_1，初始角 φ 旋转。设 $t=t_0$ 时刻，电网发生对称短路故障，机端电压幅值跌落至 kU_{sm}。k 为电压跌落率，与故障点到 DFIG 的距离、故障类型以及电网运行情况有关。忽略电网频率波动，可得短路前后定子电压空间矢量为：

$$\boldsymbol{U}_{\mathrm{sdq}} = \begin{cases} U_{\mathrm{sm}} \mathrm{e}^{\mathrm{j}(\omega_1 t + \varphi)}, t < t_0 \\ kU_{\mathrm{sm}} \mathrm{e}^{\mathrm{j}(\omega_1 t + \varphi)}, t \geqslant t_0 \end{cases} \tag{3-9}$$

本章在 DFIG 等效模型的基础上，根据故障瞬间磁链不能突变及故障故障中磁链的变化规律推导了并网 DFIG 在电网发生各种故障情况时的短路电流表达公式。短路前后的定子磁链可表示为：

$$\boldsymbol{\psi}_{\mathrm{s}}=\begin{cases}\dfrac{L_{\mathrm{s}}U_{\mathrm{sm}}}{R_{\mathrm{s}}+\mathrm{j}\omega_1 L_{\mathrm{s}}}\mathrm{e}^{\mathrm{j}(\omega_1 t+\varphi)}-\dfrac{R_{\mathrm{s}}L_{\mathrm{s}}I_{\mathrm{r}}}{R_{\mathrm{s}}+\mathrm{j}\omega_1 L_{\mathrm{s}}}\mathrm{e}^{\mathrm{j}(\omega_1 t+\varphi)},t<t_0\\ \dfrac{L_{\mathrm{s}}kU_{\mathrm{sm}}}{R_{\mathrm{s}}+\mathrm{j}\omega_1 L_{\mathrm{s}}}\mathrm{e}^{\mathrm{j}(\omega_1 t+\varphi)}+\dfrac{R_{\mathrm{s}}L_{\mathrm{s}}I_{\mathrm{r}}}{R_{\mathrm{s}}+\mathrm{j}\omega_1 L_{\mathrm{s}}}\mathrm{e}^{\mathrm{j}(\omega_1 t+\varphi)}\\ +\dfrac{L_{\mathrm{s}}(1-k)U_{\mathrm{sm}}}{R_{\mathrm{s}}+\mathrm{j}\omega_1 L_{\mathrm{s}}}\mathrm{e}^{\mathrm{j}(\omega_1 t_0+\varphi)}\mathrm{e}^{-\frac{R_{\mathrm{s}}}{L_{\mathrm{s}}}t},t\geqslant t_0\end{cases}\tag{3-10}$$

由于 MW 级 DFIG 定转子电阻很小，为简化分析，在电网故障前 DFIG 稳态运行时忽略其定子电阻 R_{s} 的影响。由于暂态时间持续较短，为简化分析，可以假设暂态过程中转速为常值。则式(3-10)可改写为：

$$\boldsymbol{\psi}_{\mathrm{s}}=\begin{cases}\dfrac{U_{\mathrm{sm}}}{\mathrm{j}\omega_1}\mathrm{e}^{\mathrm{j}(\omega_1 t+\varphi)},t<t_0\\ \dfrac{kU_{\mathrm{sm}}}{\mathrm{j}\omega_1}\mathrm{e}^{\mathrm{j}(\omega_1 t+\varphi)}+\dfrac{(1-k)U_{\mathrm{sm}}}{\mathrm{j}\omega_1}\mathrm{e}^{\mathrm{j}(\omega_1 t_0+\varphi)}\mathrm{e}^{-t/\tau_{\mathrm{s}}},t\geqslant t_0\end{cases}\tag{3-11}$$

忽略机械损耗，转子在故障发生前以转速 ω_2 旋转，转差率为 s。由于故障发生，Crowbar 保护迅速动作，忽略动作过程时间，因为 Crowbar 阻值较大将转子旁路后 $I_{\mathrm{r}}=0$，由式(3-2)、式(3-11)可得故障发生前后转子磁链可以表示为：

$$\boldsymbol{\psi}_{\mathrm{r}}=\begin{cases}k_{\mathrm{s}}\dfrac{U_{\mathrm{sm}}}{\mathrm{j}\omega_1}\mathrm{e}^{\mathrm{j}(\omega_2 t+\varphi)},t<t_0\\ k_{\mathrm{s}}\dfrac{kU_{\mathrm{sm}}}{\mathrm{j}\omega_1}\mathrm{e}^{\mathrm{j}(\omega_2 t+\varphi)}+k_{\mathrm{s}}\dfrac{(1-k)U_{\mathrm{sm}}}{\mathrm{j}\omega_1}\mathrm{e}^{\mathrm{j}(\omega_2 t+\varphi)}\mathrm{e}^{-t/\tau_{\mathrm{r}}},t\geqslant t_0\end{cases}\tag{3-12}$$

其中 τ_{s}，τ_{r} 分别为定转子的衰减时间常数，主要由发电机本身的参数所决定，当考虑短路线路参数时：

$$\begin{cases} \tau_s = \dfrac{1}{\omega_1(R_s + R_l)}\left(L_s + L_l + \dfrac{L_m L_r}{L_m + L_r}\right) \\ \tau_r = \dfrac{1}{\omega_1 R_r}\left(L_r + \dfrac{L_m(L_s + L_l)}{L_m + (L_s + L_l)}\right) \end{cases} \tag{3-13}$$

其中 R_l,L_l 分别为短路点到发电机端的电阻和电感,由上式可知随着短路距离的增大定子衰减常数会迅速减小,转子衰减常数则会增大。由式(3-8)、式(3-11)、式(3-12)可得定子的短路电流为:

$$\begin{aligned} i_s = & \left[\frac{kU_{sm}}{j\omega_1 L_s}e^{j(\omega_1 t+\varphi)} + \frac{(1-k)U_{sm}}{j\omega_1 L_s}e^{j(\omega_1 t_0+\varphi)}e^{-t/\tau_s}\right] \\ & - k_r k_s\left[\frac{kU_{sm}}{j\omega_1 L_s}e^{j(\omega_2 t+\varphi)} + \frac{(1-k)U_{sm}}{j\omega_1 L_s}e^{j(\omega_2 t+\varphi)}e^{-t/\tau_r}\right] \end{aligned} \tag{3-14}$$

从上式可知故障的定子电流由三部分组成:第一部分为直流衰减自然分量,按定子衰减常数 τ_s 进行衰减,第二部分为交流衰减自然分量,按转子衰减常数 τ_r 进行衰减,第三部分为稳态交流分量,同步转速为 ω_1。故障电流的所有分量的大小都受电压跌落程度和故障发生时间 t_0 的影响(图 3-5～图 3-8)。

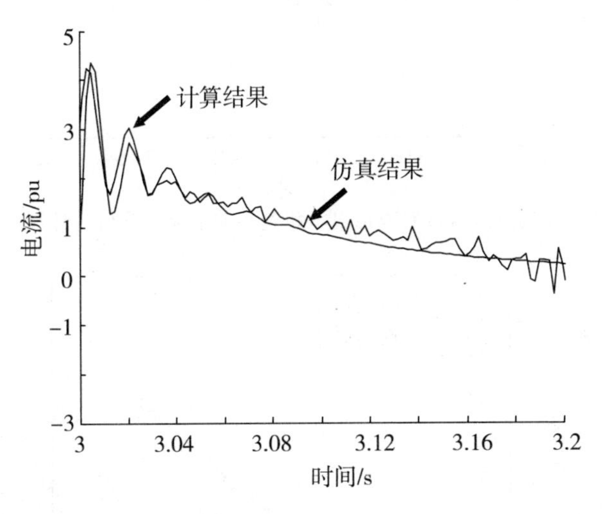

图 3-5　100%电压跌落时双馈风电机组的短路电流仿真值与计算值比较

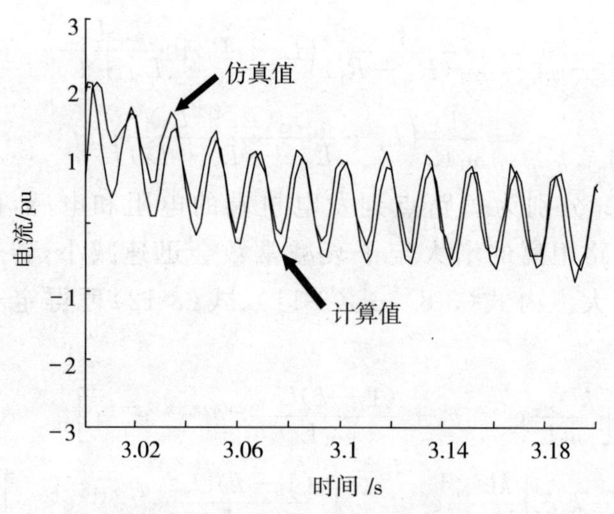

图 3-6　60%电压跌落时双馈风电机组短路电流仿真值与计算值比较

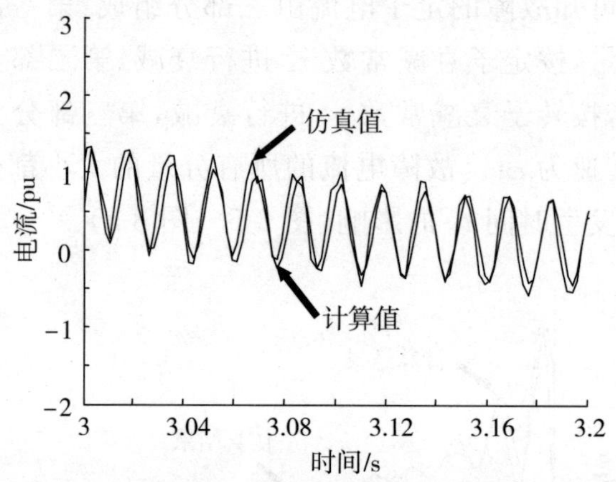

图 3-7　40%电压跌落时双馈风电机组短路电流仿真值与计算值比较

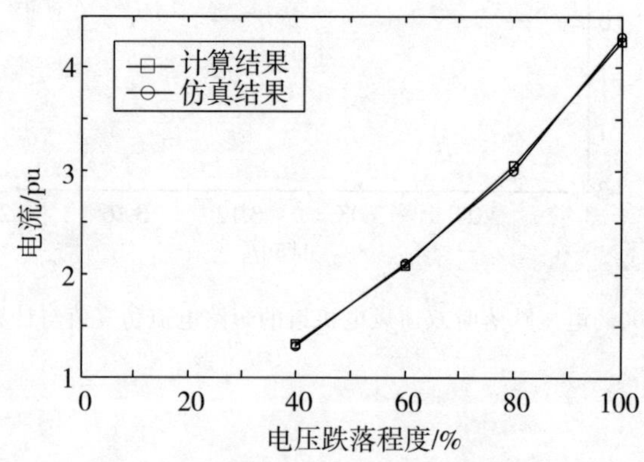

图 3-8　不同电压跌落程度下短路电流计算值与仿真值比较

3.3.2　不对称故障下双馈风电机组的短路电流特性

在电网发生不对称短路情况下，由对称分量法，可将机端电压空间矢量分解为三个序分量之和：

$$U_{\mathrm{sm}}\mathrm{e}^{\mathrm{j}(\omega_1 t+\phi)}=U_{\mathrm{sm+}}\mathrm{e}^{\mathrm{j}(\omega_1 t+\phi)}+U_{\mathrm{sm-}}\mathrm{e}^{-\mathrm{j}(\omega_1 t+\phi)}+U_{\mathrm{sm0}} \tag{3-15}$$

假设电机参数对称，正序电压 $U_{\mathrm{sm+}}\mathrm{e}^{\mathrm{j}(\omega_1 t+\varphi)}$ 将在气隙中产生以同步速度顺转子旋转方向旋转的磁场，其对电机的影响与对称短路时相同。负序电压 $U_{\mathrm{sm-}}\mathrm{e}^{-\mathrm{j}(\omega_1 t+\varphi)}$ 将在气隙中产生以同步速度与转子旋转方向相反的磁场。正序电压和负序电压产生的磁场共同构成了定子上的磁场。而零序电压 U_{sm0} 所产生的脉动磁场主要变现为各绕组上的漏磁场。

短路前后定子的电压矢量为：

$$U_{\mathrm{sm}}=\begin{cases}U_{\mathrm{sm}}\mathrm{e}^{\mathrm{j}(\omega_1 t+\phi)}, t<t_0\\ U_{\mathrm{sm+}}\mathrm{e}^{\mathrm{j}(\omega_1 t+\phi)}+U_{\mathrm{sm-}}\mathrm{e}^{-\mathrm{j}(\omega_1 t+\phi)}+\\ \quad(U_{\mathrm{sm}}-U_{\mathrm{sm+}}+U_{\mathrm{sm-}})\mathrm{e}^{\mathrm{j}(\omega_1 t_0+\phi)}\mathrm{e}^{-t/\tau_{\mathrm{s}}}, t\geqslant t_0\end{cases} \tag{3-16}$$

根据磁链守恒定律，短路前后的定转子磁链可表示为：

$$\boldsymbol{\psi}_{\mathrm{s}}=\begin{cases}\dfrac{U_{\mathrm{sm}}}{\mathrm{j}\omega_1}\mathrm{e}^{\mathrm{j}(\omega_1 t+\varphi)}, t<t_0\\ \dfrac{U_{\mathrm{sm+}}}{\mathrm{j}\omega_1}\mathrm{e}^{\mathrm{j}(\omega_1 t+\varphi)}+\dfrac{U_{\mathrm{sm-}}}{\mathrm{j}\omega_1}\mathrm{e}^{-\mathrm{j}(\omega_1 t+\varphi)}\\ +\dfrac{U_{\mathrm{sm}}-U_{\mathrm{sm+}}+U_{\mathrm{sm-}}}{\mathrm{j}\omega_1}\mathrm{e}^{\mathrm{j}(\omega_1 t_0+\varphi)}\mathrm{e}^{-t/\tau_{\mathrm{s}}}, t\geqslant t_0\end{cases} \tag{3-17}$$

$$\boldsymbol{\psi}_{\mathrm{r}}=\begin{cases}k_{\mathrm{s}}\dfrac{U_{\mathrm{sm}}}{\mathrm{j}\omega_1}\mathrm{e}^{\mathrm{j}(\omega_2 t+\varphi)}, t<t_0\\ k_{\mathrm{s}}\dfrac{U_{\mathrm{sm+}}}{\mathrm{j}\omega_1}\mathrm{e}^{\mathrm{j}(\omega_2 t+\varphi)}+k_{\mathrm{s}}\dfrac{U_{\mathrm{sm-}}}{\mathrm{j}\omega_1}\mathrm{e}^{-\mathrm{j}(\omega_2 t+\varphi)}\\ +k_{\mathrm{s}}\dfrac{U_{\mathrm{sm}}-U_{\mathrm{sm+}}+U_{\mathrm{sm-}}}{\mathrm{j}\omega_1}\mathrm{e}^{\mathrm{j}(\omega_2 t+\varphi)}\mathrm{e}^{-t/\tau_{\mathrm{r}}}, t\geqslant t_0\end{cases} \tag{3-18}$$

由于式(3-8)、式(3-17)、式(3-18)得不对称故障下 DFIG 提供的短路电流近似表达式为：

$$i_s=\left[\frac{U_{sm+}}{j\omega_1}e^{j(\omega_1 t+\varphi)}+\frac{U_{sm-}}{j\omega_1}e^{-j(\omega_1 t+\varphi)}+\frac{U_{sm}-U_{sm+}+U_{sm-}}{j\omega_1}e^{j(\omega_1 t_0+\varphi)}e^{-t/\tau_s}\right]$$
$$-k_r k_s\left[\frac{U_{sm+}}{j\omega_1}e^{j(\omega_2 t+\varphi)}+\frac{U_{sm-}}{j\omega_1}e^{-j(\omega_2 t+\varphi)}\right.$$
$$\left.+\frac{U_{sm}-U_{sm+}+U_{sm-}}{j\omega_1}e^{j(\omega_2 t+\varphi)}e^{-t/\tau_r}\right] \tag{3-19}$$

其中正序电流：

$$i_{s+}=\left[\frac{U_{sm+}}{j\omega_1}e^{j(\omega_1 t+\varphi)}+\frac{U_{sm}-U_{sm+}+U_{sm-}}{j\omega_1}e^{j(\omega_1 t_0+\varphi)}e^{-t/\tau_s}\right]$$
$$-k_r k_s\left[\frac{U_{sm+}}{j\omega_1}e^{j(\omega_1 t+\varphi)}+\frac{U_{sm}-U_{sm+}+U_{sm-}}{j\omega_1}e^{j(\omega_1 t+\varphi)}e^{-t/\tau_r}\right] \tag{3-20}$$

负序电流为：

$$i_{s-}=\frac{U_{sm-}}{j\omega_1}e^{-j(\omega_1 t+\varphi)}-k_r k_s\left(\frac{U_{sm-}}{j\omega_1}e^{-j(\omega_1 t+\varphi)}\right) \tag{3-21}$$

DFIG 的短路电流为：

$$i_s=i_{s+}+i_{s-} \tag{3-22}$$

图 3-9 为双馈风电机组 A 相单相短路时的仿真结果，图 3-10～图 3-12 为双馈风电机组发生 A 相单相短路时，A 相、B 相、C 相电流的仿真值与计算值比较。

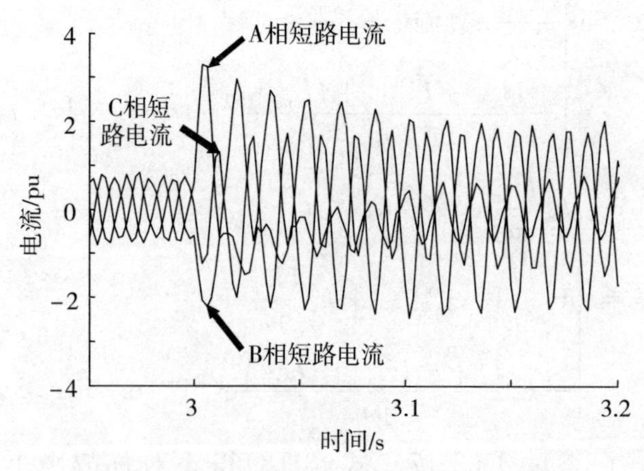

图 3-9 双馈风电机组 A 相单相短路时仿真结果

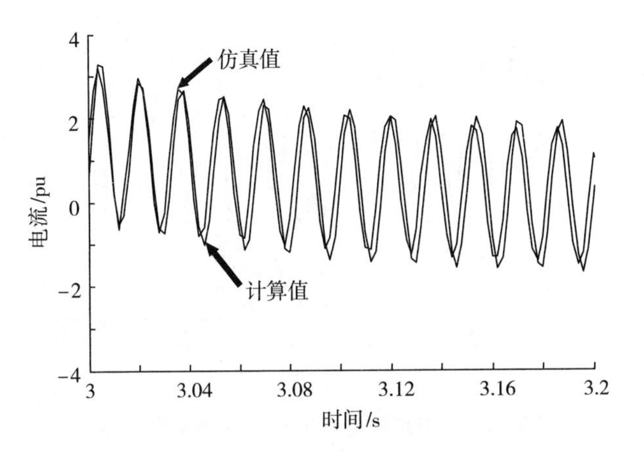

图 3-10　双馈风电机组发生 A 相单相短路时
A 相电流的仿真值与计算值比较

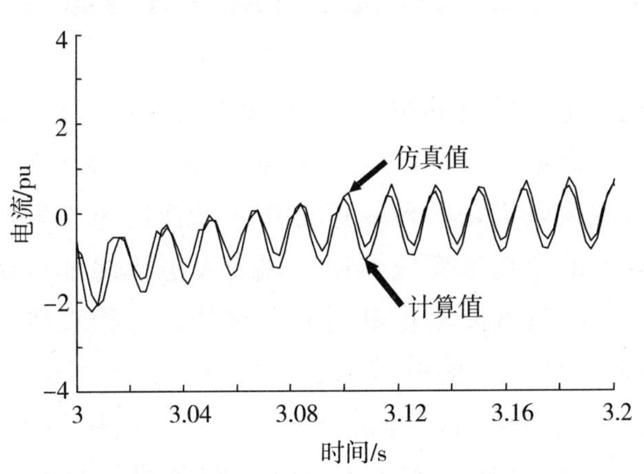

图 3-11　双馈风电机组发生 A 相单相短路时
B 相电流的仿真值与计算值比较

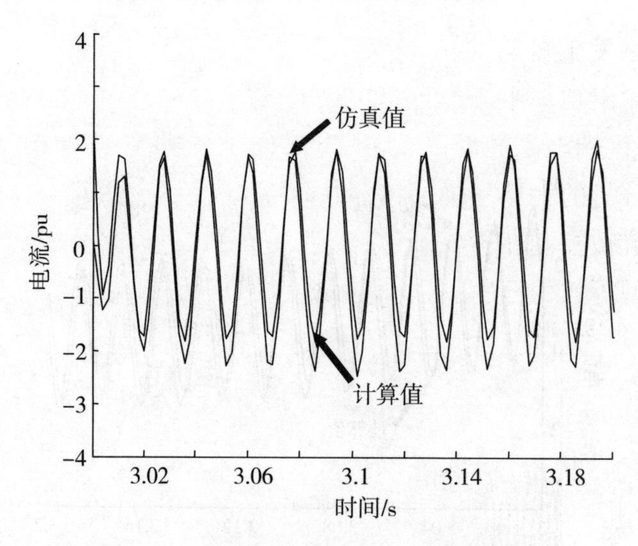

图 3-12　双馈机风电机组发生 A 相单相短路时 C 相电流的仿真值与计算值比较

3.4　永磁风电机组短路电流暂态特性

随着电力电子设备的快速发展,成本的不断降低,永磁型风电机由于其维护简单,运行可靠正越来越多地被安装到各个大型风力发电厂。永磁风电机是一种变速全功率转换的风力发电机组。永磁风电机配备的全功率变流器使得风力发电机组和电网相互之间隔离起来,因此,就可以阻止电网的电磁暂态过程直接影响到发电机,也可以阻止风电机的机械动态过程直接影响到电网。

当电网发生故障时风电机与电网产生的电磁不平衡,主要通过全功率变流器、桨距角和动态制动等对其进行控制。通过全功率变流器的控制策略通常将永磁型风电机的短路电流限制于其额定电流或略高于其额定电流。现在常见的风机制造商一般都设置了变流器的最大限流电流。在发生各种类型的故障时,因为发电机都是通过变流器连接到电网的。因此,当电网发生故障时,发电机输出电流被控制在变流器的最大限流电流之下,现在通常为 1.1～2pu。

当网络发生短路时由于变流器的控制策略的影响，实际永磁风电机的输出功率小于额定功率。因为尽管电流控制在额定值附近，但因为机端电压的跌落，实际上输出的只是部分功率。其中有功和无功分量的大小主要由变流器的控制策略所决定。永磁型风电机的电流被控制在额定值附近，因此，现在通常将永磁型风电机的短路模型等效为三相平衡的恒定电流源(图 3-13～图 3～14)。

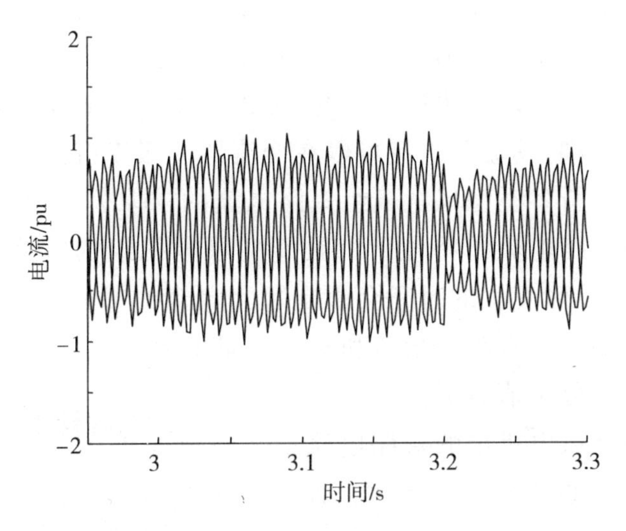

图 3-13　永磁机的三相短路电流仿真结果

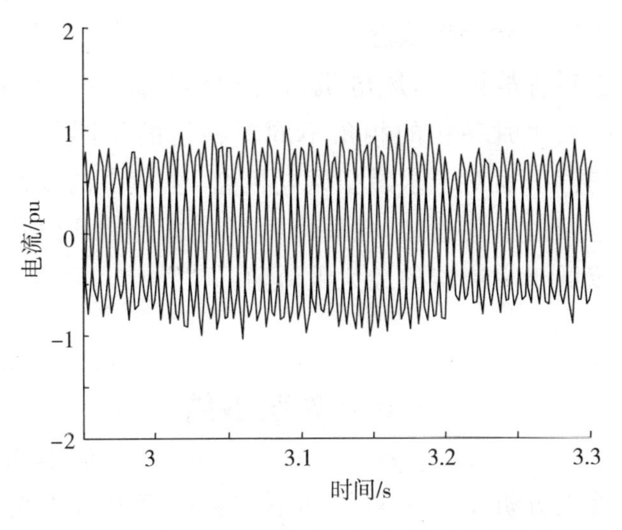

图 3-14　永磁机的 A 相发生短路时电流仿真结果

3.5 各类型风电机组短路电流特性比较

各种类型的风电机组的短路电流存在较大差异。对于各种风电机组其短路电流的幅值受暂态电抗、故障电压跌落程度、等效转子电阻和故障发生时间等影响。

对于鼠笼型和双馈型风电机，在故障发生后短路电流会随磁链的变换而衰减。而永磁型风电机由于全功率的变流器使风电机与电网解耦，其短路电流可以在变流器的限流值内保持恒定。

通过分析各类型风电机组短路电流的求取公式，可得各类型风电机组短路电流的特性。由鼠笼型风电机组的短路电流求取公式可知，故障发生的时间会影响短路电流的峰值大小。短路电流的最大幅值与直流分量值和交流分量值有关，而短路电流最小幅值与交流分量值有关。

双馈型风电机组的短路电流最大幅值发生在电压跌落到0，且Crowbar投入状态下产生。而短路电流最小幅值发生在变流器可以承受短路产生的过电流和过电压不需要投入Crowbar的状态，如：短路故障发生在离风电机组较远处，且机端残留电压可以维持变流器正常工作状态。

当发生对称故障时，风电机组各相的短路电流并不相同，这是由于故障发生时各相的相角不同。相角的不同就会影响到直流分量的初值。而对于永磁型风电机组，全功率的变流器隔离了风电机与电网的电气连接，在故障发生时总是能通过控制策略保证短路电流低于变流器的最大限流值。

3.6 本章小结

本章首先分析了发生对称和不对称故障时各类型风电机组的电磁暂态过程，通过理论分析推断出了短路电流的实用计算公式，考虑了短路点位置的影响，改进了定转子的衰减常数公式。通过对短路电流计算公式分析可知短路电流的大小主要与定子电压跌落的程度及故障风电机组的暂态参数有关。并初步给出了各种风电机组的短路电流的最大值与最小值。PSCAD仿真结果证明得到的计算值十分逼近短路电流的真实值，该方法能快速准确地计算各类型风电机组不同故障情况下的短路电流大小，为进一步研究大规模风力发电接入后的电网保护新原理和保护整定配置方案打下了基础。

第4章 Crowbar投入情况下计及转子电流动态特性影响的双馈风电机组短路电流计算方法研究

4.1 引言

随着双馈风电机组并网容量的不断增大，风电机组的接入对于保护动作特性的影响已成为当前电力系统领域备受关注的问题，正确评估保护动作特性需准确地计算短路电流，因此有必要深入研究双馈风机短路电流计算方法。现有双馈风机短路电流研究都是假设转子撬棒保护投入后转子励磁电流为零，忽略了其动态过程的影响。

实际上双馈风机在故障发生后，Crowbar保护投入，由于转子磁链在故障瞬间不能突变，转子绕组中会感应出较大的转子电流，转子电流可能达到额定值的3～5倍，后经过数十毫秒逐渐衰减为零。忽略转子电流的动态过程会对短路电流的计算结果造成一定的误差，进而影响保护动作特性评估的准确性。

针对这一问题，本章从双馈风机故障期间的暂态内电势变化机理角度出发，计及了撬棒保护投入后转子电流动态的影响，精确计算了发生三相短路时双馈风机的定转子磁链，提出了Crowbar投入情况下计及转子电流动态特性影响的双馈风机短路电流计算方法。仿真结果证明与以往假设转子Crowbar保护投入后转子励磁电流为零忽略其动态过程的方法相比，本章提出的短路电流计算方法，计算得到的短路电流初值和短路电流变化轨迹都具有更高的精度。

4.2　双馈风机电磁暂态模型

图4-1为含转子Crowbar保护电路的并网型双馈风电机组的主电路拓扑结构，各双馈风电机组接于35kV集电线路并通过风电场主变接入电网，集电线路上的主保护为三段电流保护，要准确评估电流保护的动作特性关键是要精确计算故障时双馈风机提供的短路电流。

正常运行时，双馈风电机由转子变流器进行励磁控制。当电网故障时，双馈风机机端电压突然跌落，其转子绕组当中将感应产生较大的暂态电压和电流。此时，转子绕组侧投入Crowbar保护，抑制暂态电流，保护变流器不受损坏。

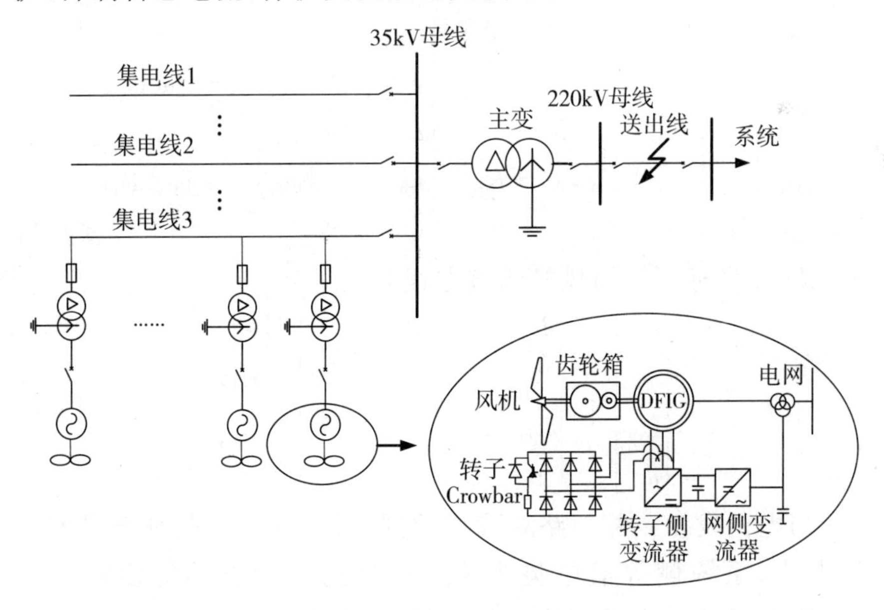

图4-1　双馈风电机组主电路拓扑结构

双馈风电机组正常运行时其等效电路模型可以用图 4-2 表示。忽略磁饱和现象，定转子采用电动机惯例，暂态过程中假设转速不变。

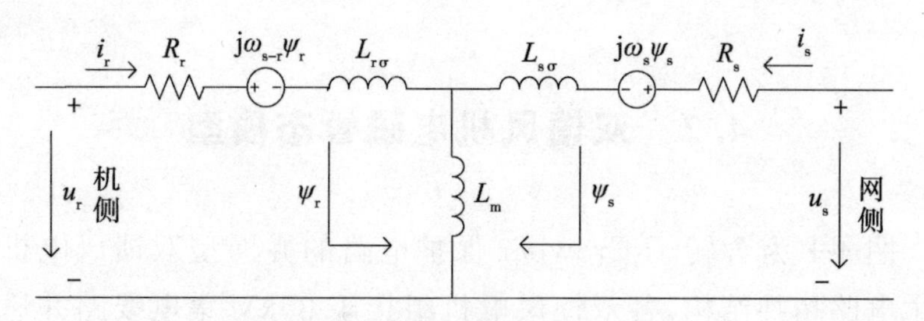

图 4-2　DFIG 的等效电路模型

图 4-2 中 $\boldsymbol{u}_s$、$\boldsymbol{u}_r$、$\boldsymbol{i}_s$、$\boldsymbol{i}_r$、$\boldsymbol{\psi}_s$、$\boldsymbol{\psi}_r$ 分别为折算到定子侧的定转子电压、电流和磁链矩阵，$\boldsymbol{u}_s=[u_{sd}\quad u_{sq}]^T$、$\boldsymbol{u}_r=[u_{rd}\quad u_{rq}]^T$、$\boldsymbol{i}_s=[i_{sd}\quad i_{sq}]^T$、$\boldsymbol{i}_r=[i_{rd}\quad i_{rq}]^T$、$\boldsymbol{\psi}_s=[\psi_{sd}\quad \psi_{sq}]^T$、$\boldsymbol{\psi}_r=[\psi_{rd}\quad \psi_{rq}]^T$，$L_s$、$L_r$、$L_m$ 分别为定转子电感、互感，$L_{s\sigma}$、$L_{r\sigma}$ 为定转子漏感、R_s、R_r 为定转子电阻，ω_s 为同步频率，ω_{s-r} 为转差角频率。

$d-q$ 坐标下双馈风机电压方程为：

$$\begin{bmatrix} u_{sd} \\ u_{sq} \\ u_{rd} \\ u_{rq} \end{bmatrix}=\begin{bmatrix} R_s & 0 & 0 & 0 \\ 0 & R_s & 0 & 0 \\ 0 & 0 & R_r & 0 \\ 0 & 0 & 0 & R_r \end{bmatrix}\begin{bmatrix} i_{sd} \\ i_{sq} \\ i_{rd} \\ i_{rq} \end{bmatrix}+\frac{\mathrm{d}}{\mathrm{d}t}\begin{bmatrix} \psi_{sd} \\ \psi_{sq} \\ \psi_{rd} \\ \psi_{rq} \end{bmatrix}+\begin{bmatrix} -\omega_s\psi_{sq} \\ \mathrm{j}\omega_s\psi_{sd} \\ -\omega_{s-r}\psi_{rq} \\ \mathrm{j}\omega_{s-r}\psi_{rd} \end{bmatrix} \tag{4-1}$$

$d-q$ 坐标下双馈风机磁链方程为：

$$\begin{bmatrix} \psi_{sd} \\ \psi_{sq} \\ \psi_{rd} \\ \psi_{rq} \end{bmatrix}=\begin{bmatrix} L_s & 0 & L_m & 0 \\ 0 & L_s & 0 & L_m \\ L_m & 0 & L_r & 0 \\ 0 & L_m & 0 & L_r \end{bmatrix}\begin{bmatrix} i_{sd} \\ i_{sq} \\ i_{rd} \\ i_{rq} \end{bmatrix} \tag{4-2}$$

当电网发生三相短路故障，将网侧系统等效为戴维南等值电路，其中，系统侧等值电势为 E_g，系统到故障点的等值阻抗为 Z_{1L}，双馈风机到故障点的等值阻抗为 Z_{2L}，过度阻抗为 Z_f，R_{cb} 为 Crowbar 电阻，双馈风机机端电压为 u_s。根据式(4-1)、式(4-2)，可得如图4-3所示的故障后双馈风电机组的等效电路。

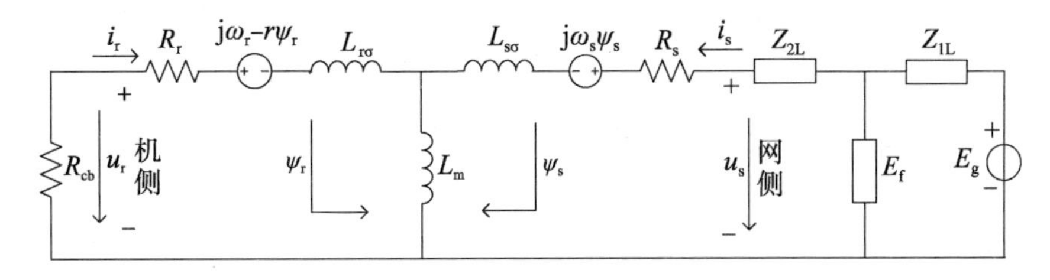

图4-3 双馈风电机组故障后等效电路

将式(4-1)、式(4-2)中定子侧的定转子电压、电流和磁链采用矢量表示，可得同步旋转坐标系下双馈发电机的空间矢量形式表示的数学模型：

$$\begin{bmatrix}\boldsymbol{u}_s\\ \boldsymbol{u}_r\end{bmatrix}=\begin{bmatrix}R_s & 0\\ 0 & R_r\end{bmatrix}\begin{bmatrix}\boldsymbol{i}_s\\ \boldsymbol{i}_r\end{bmatrix}+\begin{bmatrix}\dfrac{d\boldsymbol{\psi}_s}{dt}\\ \dfrac{d\boldsymbol{\psi}_r}{dt}\end{bmatrix}+\begin{bmatrix}j\omega_s & 0\\ 0 & j\omega_{s-r}\end{bmatrix}\begin{bmatrix}\boldsymbol{\psi}_s\\ \boldsymbol{\psi}_r\end{bmatrix}\tag{4-3}$$

$$\begin{bmatrix}\boldsymbol{\psi}_s\\ \boldsymbol{\psi}_r\end{bmatrix}=\begin{bmatrix}L_s & L_m\\ L_m & L_r\end{bmatrix}\begin{bmatrix}\boldsymbol{i}_s\\ \boldsymbol{i}_r\end{bmatrix}\tag{4-4}$$

由式(4-4)消去转子电流得到定子磁链 $\boldsymbol{\psi}_s$：

$$\boldsymbol{\psi}_s=L_s\boldsymbol{i}_s+L_m\boldsymbol{i}_r=\frac{L_m}{L_r}\boldsymbol{\psi}_r+\left(\frac{L_sL_r-L_m^2}{L_r}\right)\boldsymbol{i}_s\tag{4-5}$$

并将其代入式(4-3)的定子电压方程：

$$\boldsymbol{u}_s=R_s\boldsymbol{i}_s+j\omega_s\frac{L_m}{L_r}\boldsymbol{\psi}_r+j\omega_s\left(\frac{L_sL_r-L_m^2}{L_r}\right)\boldsymbol{i}_s+\frac{d\boldsymbol{\psi}_s}{dt}\tag{4-6}$$

由图4-3所示双馈风机故障后等效电路可知：

$$\frac{Z_f\boldsymbol{E}_g}{Z_f+Z_{1L}}=R_s\boldsymbol{i}_s+j\omega_s\frac{L_m}{L_r}\boldsymbol{\psi}_r+j\omega_s\left(\frac{L_sL_r-L_m^2}{L_r}\right)\boldsymbol{i}_s+\frac{d\boldsymbol{\psi}_s}{dt}+\boldsymbol{i}_s\frac{Z_{2L}(Z_f+Z_{1L})+Z_fZ_{1L}}{Z_f+Z_{1L}}\tag{4-7}$$

双馈风机暂态过程中转子磁链增量对发电机暂态过程的影响远大于定子磁链增量所带来的影响，且定子部分暂态过程的时间常数远小于转子部分暂态过程的时间常数，因此本章在研究双馈风机暂态过程时不考虑定子磁链暂态过程[57-60]。令双馈风机等效电势

$E=\mathrm{j}\omega_s L_m L_r^{-1}\psi_r$，暂态电抗 $L_s'=L_s-L_m L_r^{-1}L_m$，$X'=\mathrm{j}\omega_s L_s'$。

由于电网的故障会造成双馈风机的电磁暂态发生变化，而电磁暂态变化过程会使双馈风机输出较大的短路电流。因此，为精确计算短路电流并提出短路电流计算的等值模型，首先要分析故障后双馈风机的电磁暂态过程，获得短路电流与双馈风机等效暂态电抗、等效内电势之间的关系。

对式(4-7)进行化简，可得短路电流与暂态电抗、等效内电势之间的关系式：

$$\boldsymbol{i}_s=\frac{Z_f\boldsymbol{E}_g-(Z_f+Z_{1L})E}{(R_s+X')(Z_f+Z_{1L})+Z_{2L}(Z_f+Z_{1L})+Z_fZ_{1L}} \tag{4-8}$$

由上述分析可知，双馈风机的短路电流由 E、R_s、X'、E_g、Z_{1L}、Z_{2L}、Z_f、L_r、L_m、ω_s决定，其中仅 $E=\mathrm{j}\omega_s L_m L_r^{-1}\psi_r$ 为未知量，因此要精确计算双馈风机短路电流，就要求解双馈风机故障期间的等效内电势 E。

4.3 计及转子电流动态过程的双馈风机短路电流计算

由式(4-7)可知双馈风机的等效内电势由其转子磁链所决定，因此研究故障期间双馈风机内电势变化规律的关键问题是如何精确求解故障期间双馈风机的转子磁链。

图 4-4 为三相短路后双馈风机转子电流动态过程。双馈风机在故障发生后转子 Crowbar 保护投入，其转子励磁电路被短接，转子电流先增大至定值的 3～5 倍，后经过 30～50ms 逐渐衰减为零，这与图 4-4 中实测转子电流变化曲线相符；而对比观察传统计算方法使用的转子电流变化轨迹可知，传统方法忽略了转子电流衰减为零的暂态过程，认为转子电流在故障发生后直接变为零。这种方式虽然方便计算，但却不能精确反映实际物理过程中的变化，会对短路电流的计算结果造成一定的误差。

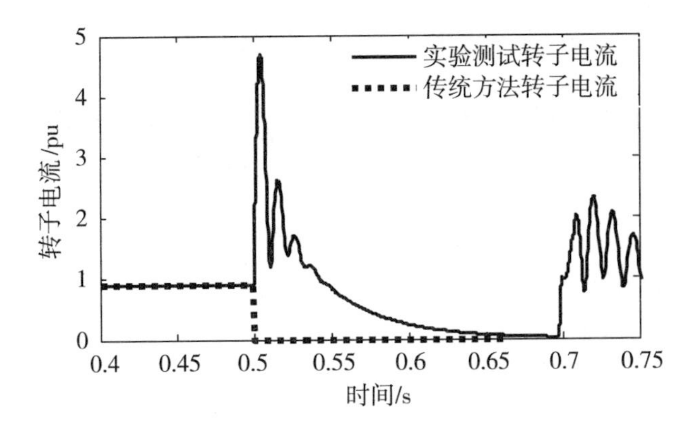

图 4-4　三相短路后双馈风机转子电流动态过程

在本章中，为保证转子磁链求解的精确性，计及了以往的研究所忽略的转子电流动态过程，进而计算出了等效内电势，最终代入式(4-7)获得了精确的短路电流。

由式(4-4)将定转子电流采用磁链来表示：

$$\begin{cases} \boldsymbol{i}_{\mathrm{s}} = \dfrac{L_{\mathrm{r}}\boldsymbol{\psi}_{\mathrm{s}} - L_{\mathrm{m}}\boldsymbol{\psi}_{\mathrm{r}}}{L_{\mathrm{s}}L_{\mathrm{r}} - L_{\mathrm{m}}^{2}} = \dfrac{\boldsymbol{\psi}_{\mathrm{s}}}{L'_{\mathrm{s}}} - \dfrac{L_{\mathrm{m}}}{L_{\mathrm{r}}}\dfrac{\boldsymbol{\psi}_{\mathrm{r}}}{L'_{\mathrm{s}}} \\ \boldsymbol{i}_{\mathrm{r}} = \dfrac{-L_{\mathrm{m}}\boldsymbol{\psi}_{\mathrm{s}} + L_{\mathrm{s}}\boldsymbol{\psi}_{\mathrm{r}}}{L_{\mathrm{s}}L_{\mathrm{r}} - L_{\mathrm{m}}^{2}} = -\dfrac{L_{\mathrm{m}}}{L_{\mathrm{s}}}\dfrac{\boldsymbol{\psi}_{\mathrm{s}}}{L'_{\mathrm{r}}} + \dfrac{\boldsymbol{\psi}_{\mathrm{r}}}{L'_{\mathrm{r}}} \end{cases} \tag{4-9}$$

式中，$L'_{\mathrm{r}} = L_{\mathrm{r}} - L_{\mathrm{m}}L_{\mathrm{s}}^{-1}L_{\mathrm{m}}$。

将式(4-9)代入式(4-3)得到计及转子动态影响的定转子磁链的详细模型式：

$$\frac{\mathrm{d}}{\mathrm{d}t}\begin{bmatrix} \boldsymbol{\psi}_{\mathrm{s}} \\ \boldsymbol{\psi}_{\mathrm{r}} \end{bmatrix} = \begin{bmatrix} \dfrac{-R_{\mathrm{s}}}{L'_{\mathrm{s}}} + \mathrm{j}\omega_{\mathrm{s}} & \dfrac{R_{\mathrm{s}}L_{\mathrm{m}}}{L'_{\mathrm{s}}L_{\mathrm{r}}} \\ \dfrac{R_{\mathrm{r}}L_{\mathrm{m}}}{L'_{\mathrm{r}}L_{\mathrm{s}}} & \dfrac{-R_{\mathrm{r}}}{L'_{\mathrm{r}}} + \mathrm{j}\omega_{\mathrm{s-r}} \end{bmatrix}\begin{bmatrix} \boldsymbol{\psi}_{\mathrm{s}} \\ \boldsymbol{\psi}_{\mathrm{r}} \end{bmatrix} + \begin{bmatrix} \boldsymbol{u}_{\mathrm{s}} \\ \boldsymbol{u}_{\mathrm{r}} \end{bmatrix} \tag{4-10}$$

在求解该方程过程中，$\boldsymbol{u}_{\mathrm{s}}$、$\boldsymbol{u}_{\mathrm{r}}$、$L_{\mathrm{s}}$、$L_{\mathrm{r}}$、$L_{\mathrm{m}}$、$R_{\mathrm{s}}$、$R_{\mathrm{r}}$ 均为已知量，因此该方程为关于定转子磁链的一阶常微分方程组。对该微分方程组式(4-10)采用拉普拉斯变换方法求解：

$$\begin{cases} \boldsymbol{u}_{\mathrm{s}} = \left(\dfrac{L'_{\mathrm{s}}}{R_{\mathrm{s}}} + \mathrm{j}\omega_{\mathrm{s}} + s\right)\boldsymbol{\psi}_{\mathrm{s(s)}} - \boldsymbol{\psi}_{\mathrm{s(0)}} - \dfrac{1}{\tau_{\mathrm{s}}}\dfrac{L_{\mathrm{m}}}{L_{\mathrm{r}}}\boldsymbol{\psi}_{\mathrm{s(s)}} \\ \boldsymbol{u}_{\mathrm{r}} = \left(\dfrac{L'_{\mathrm{r}}}{R_{\mathrm{r}}} + \mathrm{j}\omega_{\mathrm{s-r}} + s\right)\boldsymbol{\psi}_{\mathrm{r(s)}} - \boldsymbol{\psi}_{\mathrm{r(0)}} - \dfrac{1}{\tau_{\mathrm{r}}}\dfrac{L_{\mathrm{m}}}{L_{\mathrm{s}}}\boldsymbol{\psi}_{\mathrm{r(s)}} \end{cases} \tag{4-11}$$

其中，$\boldsymbol{\psi}_{s(0)}$、$\boldsymbol{\psi}_{r(0)}$分别为定转子磁链的初值，$\boldsymbol{\psi}_{s(s)}$、$\boldsymbol{\psi}_{r(s)}$分别为定转子磁链的拉普拉斯变换，$\tau_s=\frac{R_s}{L'_s}$、$\tau_r=\frac{R_r}{L'_r}$分别为定转子衰减时间常数。

当机端发生三相短路时，转子 Crowbar 投入由于变流器电力电子器件控制时间延时很短，忽略其时间延时即 Crowbar 投入后 $\boldsymbol{u}_r$为 0，则由式(4-11)可得：

$$\boldsymbol{\psi}_{r(s)}=\frac{\left(\frac{1}{\tau_s}+j\omega_s+s\right)\boldsymbol{\psi}_{r(0)}+\left(\frac{L_m}{\tau_r L_s}\right)\boldsymbol{\psi}_{s(0)}}{(s+\alpha)(s+\beta)} \tag{4-12}$$

式中，$\alpha=\frac{1}{\tau_s}+j\omega_s-\eta$；$\beta=\frac{1}{\tau_r}+j\omega_{s-r}+\eta$；$\eta=\frac{L_m^2/L_r L_s}{\tau_s\tau_r(\tau_r^{-1}-\tau_s^{-1}+j\omega_s+j\omega_r)}$。

求解公式(4-12)的时域解：

$$\boldsymbol{\psi}_r(t)=A e^{-t/\tau_s}e^{j\delta t}+(\boldsymbol{\psi}_{r(0)}-A)e^{-t/\tau_r}e^{j(\omega_r-\delta)t} \tag{4-13}$$

$$A=\frac{-(\delta+j\kappa)\psi_{r(0)}+j(L_m/L_s\tau_r)\boldsymbol{\psi}_{s(0)}}{(\omega_r-\delta)+j(1/\tau_r-1/\tau_s)} \tag{4-14}$$

式中，$\omega_r=\omega_s-\omega_{s-r}$为转速频率，$\kappa=\mathrm{Re}(\eta)$，$\delta=\mathrm{Im}(\eta)$是$\eta$的实部和虚部。

在同步坐标系下转子磁链两部分分别按接近直流和转速频率衰减。其中初始定转子磁链 $\boldsymbol{\psi}_{s(0)}$、$\boldsymbol{\psi}_{r(0)}$ 可由故障前运行工况求得。

由式(4-8)、式(4-13)可知，当双馈风机故障前运行于额定工况左右时，等效内电势 E 中的基频交流分量为：

$$\boldsymbol{E}_f=j\omega_s L_m L_r^{-1}(\boldsymbol{\psi}_{r(0)}-A)e^{-t/\tau_r}e^{j(\omega_r-\delta)t} \tag{4-15}$$

双馈风电机的短路电流基频有效值 i_{sf}计算模型为：

$$\boldsymbol{i}_{sf}=\frac{Z_f\boldsymbol{E}_g-(Z_f+Z_{1L})\boldsymbol{E}_f}{(R_s+X')(Z_f+Z_{1L})+Z_{2L}(Z_f+Z_{1L})+Z_f Z_{1L}} \tag{4-16}$$

以往研究中忽略 Crowbar 投入后的转子电流动态过程，假设 Crowbar 投入后转子电流为 0，求得的故障后转子磁链的解析式为：

$$\boldsymbol{\psi}_r(t)=\boldsymbol{\psi}_{r(0)}e^{-t/\tau_r}e^{j\omega_r t} \tag{4-17}$$

以往研究中假设 $t=0$ 时刻，机端发生三相对称短路故障，同时转子侧 Crowbar 保护动作，不计及转子动态衰减过程即转子短路转子电流为 0，忽略暂态过程中发电机转速的变化和定子电阻 R_s，由定子电压方程式(4-3)得到定子磁链的初始值为：

$$\begin{cases} \boldsymbol{\psi}_{s(0)} = \mathrm{j}\dfrac{u_s}{\omega_s} \\ \boldsymbol{\psi}_{r(0)} = \dfrac{L_r}{L_s}\boldsymbol{\psi}_{s(0)} = \mathrm{j}\dfrac{L_r}{L_s}\dfrac{u_s}{\omega_s} \end{cases} \tag{4-18}$$

式中：$\boldsymbol{\psi}_{s(0)}$、$\boldsymbol{\psi}_{r(0)}$分别为定转子磁链的初始值。

机端故障后，定转子磁链将随时间常数衰减，转子磁链相对于定子绕组按转子转速旋转，则故障期间定转子磁链分别为：

$$\begin{cases} \boldsymbol{\psi}_s = \boldsymbol{\psi}_{s(0)} e^{-\frac{t}{\tau_s}} = \dfrac{u_s}{\mathrm{j}\omega_s} e^{-\frac{t}{\tau_s}} \\ \boldsymbol{\psi}_r = \boldsymbol{\psi}_{r(0)} e^{-\frac{t}{\tau_r}} e^{\mathrm{j}\omega_r t} = \dfrac{L_m}{L_s}\dfrac{u_s}{\mathrm{j}\omega_s} e^{-\frac{t}{\tau_r}} e^{\mathrm{j}\omega_r t} \\ \tau_s = \dfrac{R_s}{L_s - L_m L_r^{-1} L_m} = \dfrac{R_s}{L'_s} \\ \tau_r = \dfrac{R_s}{L_r - L_m L_s^{-1} L_m} = \dfrac{R_r}{L'_r} \end{cases} \tag{4-19}$$

将其代入到式(4-9)中可得双馈风机短路电流为：

$$\begin{cases} \boldsymbol{i}_s = \dfrac{\boldsymbol{\psi}_s}{L'_s} - \dfrac{L_m}{L_r}\dfrac{\boldsymbol{\psi}_r}{L'_s} \\ \boldsymbol{i}_r = -\dfrac{L_m}{L_s}\dfrac{\boldsymbol{\psi}_s}{L'_r} + \dfrac{\boldsymbol{\psi}_r}{L'_r} \\ \boldsymbol{i}_s = \dfrac{u_s}{\mathrm{j}\omega_s L'_s} e^{-\frac{t}{\tau_s}} - \dfrac{K_r}{L'_s}\boldsymbol{\psi}_{r(0)} e^{-\frac{t}{\tau_r}} e^{\mathrm{j}\omega_r t} \\ \boldsymbol{i}_r = \dfrac{1}{L'_r}\boldsymbol{\psi}_{r(0)} e^{-\frac{t}{\tau_r}} - \dfrac{K_r u_s}{\mathrm{j}\omega_s L'_r} e^{-\frac{t}{\tau_s}} e^{\mathrm{j}\omega_r t} \end{cases} \tag{4-20}$$

式中，$K_s = L_m/L_s$、$K_r = L_m/L_r$。

设故障发生时，A 相的定子电压相角为 $\alpha + \pi/2$ 即 $u_s = \mathrm{j}u_s e^{\mathrm{j}\alpha}$，则 A 相的定子短路电流和转子短路电流为：

$$\begin{cases} i_{\mathrm{sA}} = \dfrac{u_{\mathrm{s}}}{\omega_{\mathrm{s}} L'_{\mathrm{s}}} \mathrm{e}^{-\frac{t}{\tau_{\mathrm{s}}}} \cos\alpha - \dfrac{K_{\mathrm{r}}}{L'_{\mathrm{s}}} |\boldsymbol{\psi}_{\mathrm{r}(0)}| \mathrm{e}^{-\frac{t}{\tau_{\mathrm{r}}}} \cos(\omega_{\mathrm{r}} t + \alpha + \theta) \\ i_{\mathrm{rA}} = \dfrac{1}{L'_{\mathrm{r}}} |\boldsymbol{\psi}_{\mathrm{r}(0)}| \mathrm{e}^{-\frac{t}{\tau_{\mathrm{r}}}} \cos(\alpha + \theta) - \dfrac{K_{\mathrm{s}} u_{\mathrm{s}}}{\omega_{\mathrm{s}} L'_{\mathrm{r}}} \mathrm{e}^{-\frac{t}{\tau_{\mathrm{s}}}} \cos(-\omega_{\mathrm{r}} t + \alpha) \end{cases} \tag{4-21}$$

式中，$\theta = \arctan\boldsymbol{\psi}_{\mathrm{r}(0)} + \dfrac{\pi}{2}$

对比公式(4-21)与公式(4-13)可知，以往研究采用忽略定子电阻 R_{s} 和转子电流 I_{r} 动态过程的简化计算方法，虽然得到的转子磁链也包括转速频率衰减部分，但是该方法计算得到转子磁链的衰减时间常数较本章提出的计及转子电流动态过程方法的计算值增大了 η 倍的时间常数。

本章所提的短路电流计算方法引入只与系统参数有关的常量 η、A，对转子磁链的计算值进行修正。由上述分析可知，本章所提计及转子电流动态过程计算方法量化修正了双馈风机短路电流的计算值，一定程度上提高了短路电流的计算精度。

4.4　仿真验证及分析

基于电力系统实时仿真设备 RTDS 搭建了如图 4-5 所示的某接入电网的实际双馈风电场模型。

其中双馈风电机组通过机端变压器接于电压等级为 35kV 的母线，线路 MN，HW 长度分别为 20km，10km。风电场模型的主要相关参数如下：主变压器和机端变压器的变比、短路比分别为 110/20 kV、3%，双馈风机机端变压器的变比、短路比分别为 20/0.69kV、6%；双馈风电机额定容量为 2.0MW，定子电阻和漏感分别为 0.016pu、0.169pu，转子电阻和漏感分别为 0.009pu、0.153pu，励磁互感为 3.49pu，转子 Crowbar 阻值为 0.1pu。该双馈风电场每条集电线路上有 10 台相同型号双馈风电机组。由于同一条集电线路上各风电机组间线路较短，可以忽略其影响，同一集电线路上各台机组的暂态特性基本一致，可以用一台等容量的双馈风电机组代替。

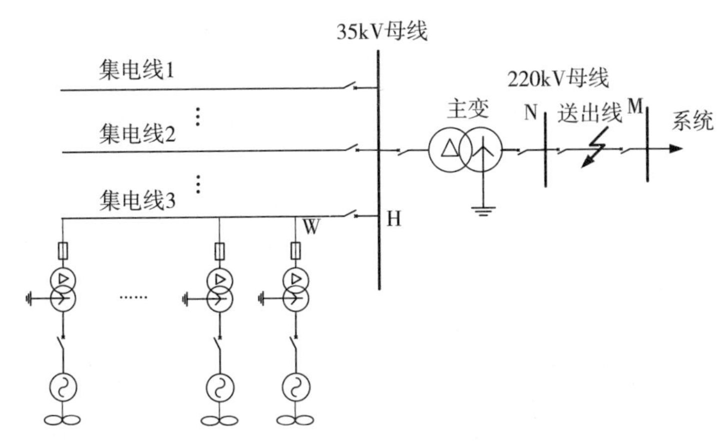

图 4-5　双馈风电场故障仿真结构图

设故障发生时刻双馈风机工作于额定运行工况下，以 $t=0.5$s 时 MN 线路 N 端发生三相金属短路故障，持续 0.2s 为仿真测试条件。图 4-6 为仿真测试中获取的 N 端三相短路双馈风机短路电流瞬时值，经由全周傅氏算法提取了短路电流的有效值，可获得如图 4-6 所示的短路电流测试轨迹。

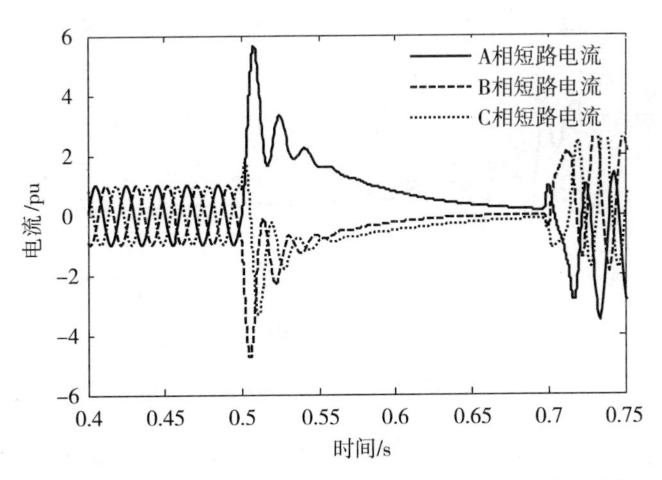

图 4-6　额定工况下 N 端三相短路双馈风机短路电流瞬时值

在相同的条件下，用 MATLAB 计算传统方法与本章所提方法的短路电流有效值。对比传统计算方法、本章所提计算方法以及仿真平台测试得到的短路电流有效值的轨迹，分析两种方法下的短路电流计算误差。图 4-7 为 N 端三相短路下传统方法、本章方法以及仿真测试下获得的双馈风机短路电流有效值轨迹。图 4-8 为传统方法与本章所提方法短路电流计算误差对比。

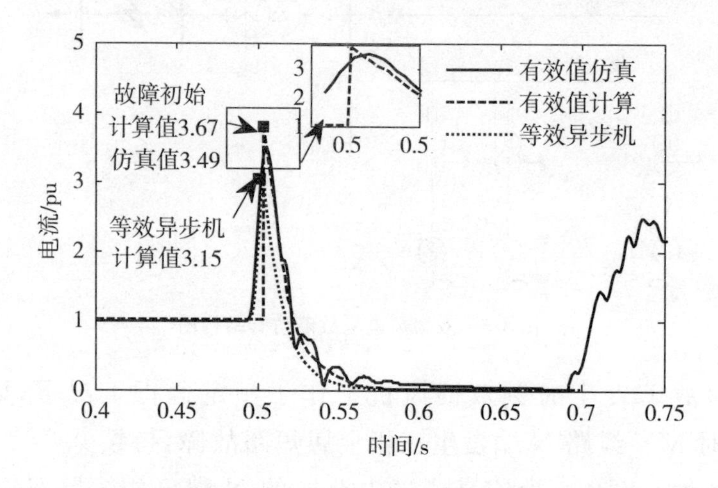

图 4-7　N 端三相短路双馈风机短路电流有效值计算与仿真结果对比图

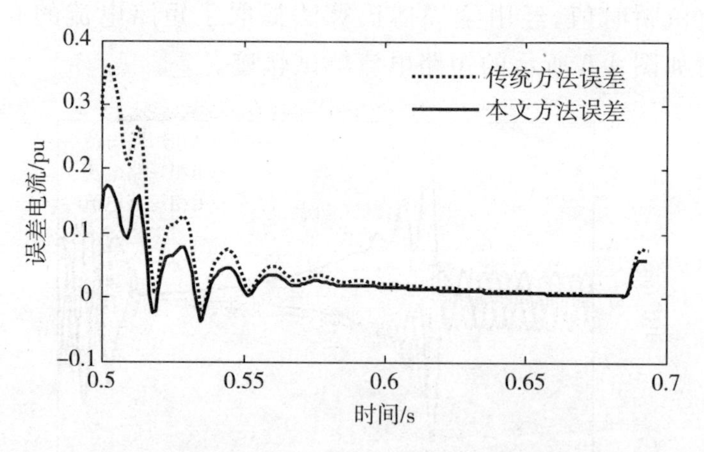

图 4-8　传统方法与本章方法短路电流计算误差对比

由仿真结果图 4-7 可看出，在 0.5s 发生故障时，双馈风机短路电流有效值突增到额定值的 3.49 倍，本章提出的方法计算结果为 3.67pu 与仿真测试的误差为 5.1%，而忽略转子动态等效异步发电机模型的计算结果为 3.15pu，计算误差为 9.7%，精度提高了4.6%，尤其是从0.5s故障发生到0.55s的短路电流衰减过程，本章所提方法的计算结果与仿真测试的曲线拟合度更高。

从图4-8可以看出，在故障发生后50ms以内，本章所提方法的最大绝对误差不超过0.18pu(相对误差6%)，且本章所提方法的计算误差相对于传统方法的计算误差降低约0.1pu，本章方法的误差曲线一直在传统方法的误差曲线下方，而此段时间为保护动作时段，计算的误差将会影响保护动作特性的评估。

分别在不同工况(故障前双馈风机输出功率为1pu、0.9pu、0.8pu、0.7pu)、不同故障点位置(MN线上距N点20%、30%、40%、50%、60%、70%处)的条件下，进行了多组测试，获得如图4-9所示的短路电流计算结果与仿真测试结果误差图。测试分别在故障后0ms、10ms、20ms、50ms时刻，比较了短路电流计算结果与仿真结果的相对误差。

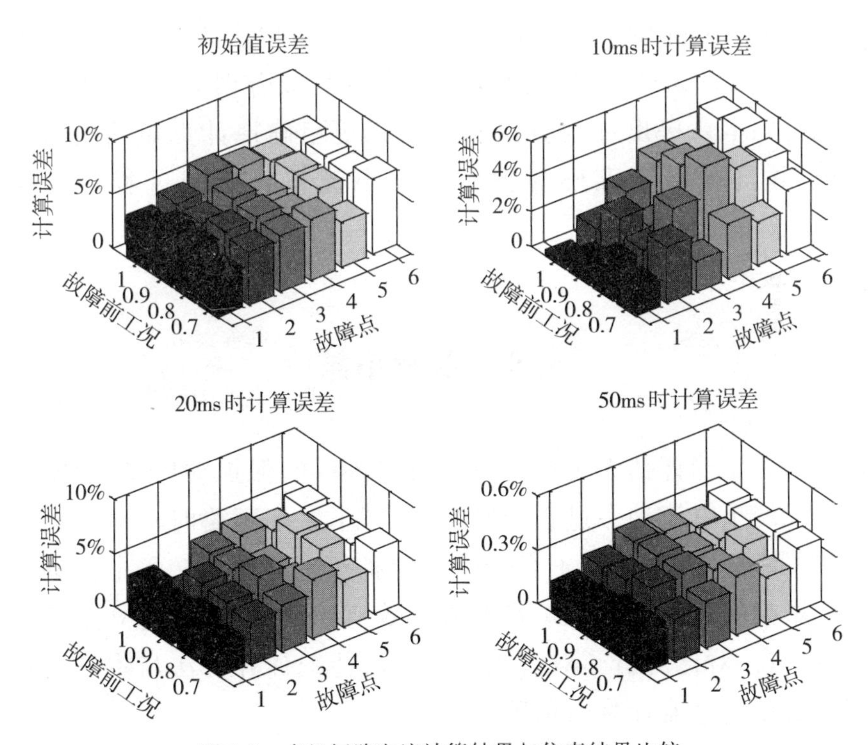

图4-9　多组短路电流计算结果与仿真结果比较

经24组测试，获得了大量的仿真数据，经统计获得如表4-1所列的短路电流计算结果与仿真结果数据表。测试分别在故障后0ms、10ms、20ms、50ms时刻，计算了短路电流的平均误差与最大误差。

表4-1　多组短路电流计算结果与仿真结果比较

故障时间	传统方法		本章方法	
	最大误差	平均误差	最大误差	平均误差
故障瞬间	7.9%	6.4%	5.1%	3.7%
故障后10ms	6.2%	4.4%	4.9%	2.0%
故障后20ms	7.6%	5.3%	5.2%	3.8%
故障后50ms	0.4%	0.2%	0.3%	0.2%

注：精度为0.1%。

由表4-1可知，对比传统计算方法，本章提出的方法计算精度提高了2%～5%，且在故障发生后，曲线拟合误差不超过6%。由此可知本章提出计算方法不仅可以更精确地计算短路电流的初值，并且可以更准确地揭示短路电流整个衰减过程的变化规律。

4.5　本章小结

为了正确评估大规模双馈风机接入后的保护动作特性，本章计及了转子电流动态过程的影响，计算了发生短路时双馈风机的定转子磁链，提出了转子Crowbar保护投入后计及转子电流动态过程影响的双馈风电机短路电流有效值计算方法，并建立了仿真测试平台，对比分析了双馈风机接入后传统计算方法与本章所提方法对短路电流计算的精度。

仿真结果证明：与以往研究等效为异步发电机忽略转子电流动态过程相比，本章提出的短路电流有效值计算方法，计及了转子电流动态过程对磁链的影响，能够更准确地反映故障期间双馈风机等效内电势的动态过程。计算得到的短路电流有效值初值和短路电流动态轨迹都具有更高的精度。这为进一步研究双馈风机短路电流对保护动作特性的影响奠定了基础。

第5章　计及低电压穿越控制策略影响的双馈风电机组短路电流计算与故障分析方法研究

5.1　引　言

近些年来,双馈风机并网容量不断增加,且现有双馈风机普遍具备了低电压穿越能力,在故障期间低电压穿越控制策略将对DIFG的短路电流特性造成很大的影响,而不精确的短路电流计算将会影响故障分析的结果,进而使保护动作特性的评估产生误差。

针对上述问题,本章首先根据变流器的输入一输出外特性等值了变流器的数学模型,在此基础上提出了计及控制策略的双馈风机暂态模型;进一步分析了低电压穿越控制策略对短路电流的影响机理,给出短路电流的变化规律,提出了计及低电压穿越控制策略影响的双馈风机短路电流计算方法。其次,采用RTDS建立了含双馈风电机组接入的某地区实际电网仿真平台,验证所提出的短路电流有效值计算方法的准确性。最后,在分析双馈风机等效电势特性的基础上,提出了适用于DFIG接入的电网故障分析方法。

5.2　计及控制策略影响的双馈风机暂态模型

以往研究中认为，在故障发生后 Crowbar 投入，转子变流器闭锁。而我国风电并网规定要求，双馈风机在故障发生后，需要输出无功电流，为系统电压提供支撑，转子变流器不再闭锁。此时，变流器的输出特性将影响到双馈风机的电磁暂态特性，因此，分析双馈风机的电磁暂态特性过程，需要首先根据变流器的输入一输出外特性等值其数学模型。

在故障期间网侧变流器通过直流卸荷电路可将直流电压 $\boldsymbol{u}_{dc}$ 维持在参考值附近[47]，因此，本章假设直流电压 $\boldsymbol{u}_{dc}$ 在故障前后为定值。直流电压 $\boldsymbol{u}_{dc}$ 经转子侧变流器逆变至励磁电压 $\boldsymbol{u}_{r}$，$\boldsymbol{u}_{r}$ 的大小由转子变流器通过改变调制比进行控制。

在考虑半导体器件电压损耗与热损的情况下，转子励磁电压的外特性方程可列写为：

$$\boldsymbol{u}_{r} = \frac{A}{n}K_{dc}\boldsymbol{u}_{dc} - \boldsymbol{i}_{dc}X_{rsc} - \Delta\boldsymbol{u}_{rsc} \tag{5-1}$$

式中，A、n、K_{dc} 分别为转子侧变流器的三相桥式电流逆变系数，定转子变比，转子侧变流器占空比；$\boldsymbol{i}_{dc}$、X_{rsc}、$\Delta\boldsymbol{u}_{rsc}$ 分别为直流母线电流，变流器等效换弧电抗和 IGBT 压降。

当电网发生三相短路故障，将网侧系统等效为戴维南等值电路，其中，网侧等值电势为 E_{g}，系统到故障点的等值阻抗为 Z_{1L}，双馈风机到故障点的等值阻抗为 Z_{2L}，过度阻抗为 Z_{f}，双馈风机机端电压为 u_{s}，转子变流器不再闭锁的情况下可得如图 5-1 所示的故障后双馈风电机组等效电路。

在暂态过程中，假设转速不变，忽略磁饱和现象，定、转子采用电动机惯例，同步旋转坐标系下双馈风机空间矢量模型为：

$$\begin{bmatrix}\boldsymbol{u}_{s}\\ \boldsymbol{u}_{r}\end{bmatrix} = \begin{bmatrix}R_{s} & 0\\ 0 & R_{r}\end{bmatrix}\begin{bmatrix}\boldsymbol{i}_{s}\\ \boldsymbol{i}_{r}\end{bmatrix} + \begin{bmatrix}\dfrac{d\boldsymbol{\psi}_{s}}{dt}\\ \dfrac{d\boldsymbol{\psi}_{r}}{dt}\end{bmatrix} + \begin{bmatrix}j\omega_{s} & 0\\ 0 & j\omega_{s-r}\end{bmatrix}\begin{bmatrix}\boldsymbol{\psi}_{s}\\ \boldsymbol{\psi}_{r}\end{bmatrix} \tag{5-2}$$

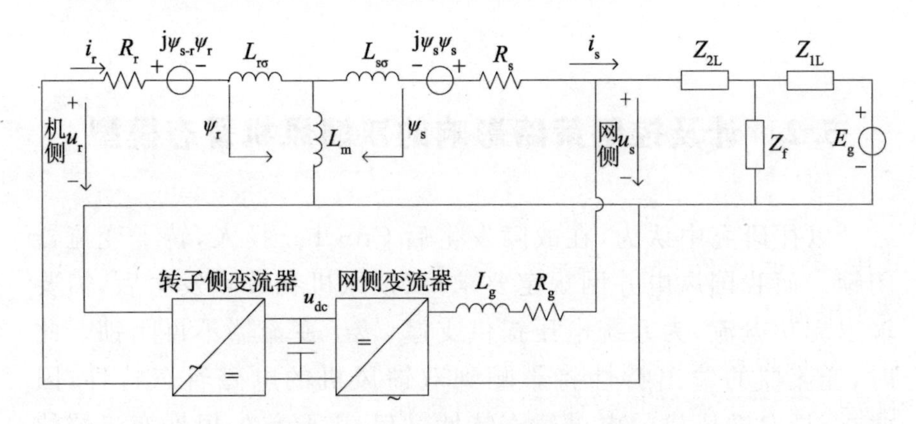

图 5-1　双馈风电机组故障后等值电路

$$\begin{bmatrix}\boldsymbol{\psi}_s\\\boldsymbol{\psi}_r\end{bmatrix}=\begin{bmatrix}L_s & L_m\\L_m & L_r\end{bmatrix}\begin{bmatrix}\boldsymbol{i}_s\\\boldsymbol{i}_r\end{bmatrix} \tag{5-3}$$

式中，$\boldsymbol{u}_s$、$\boldsymbol{u}_r$、$\boldsymbol{i}_s$、$\boldsymbol{i}_r$、$\boldsymbol{y}_s$、$\boldsymbol{y}_r$分别为折算到定子侧的定、转子电压、电流和磁链；L_s、L_r、L_m分别为定、转子电感、励磁电感；$L_{s\sigma}$、$L_{r\sigma}$分别为定、转子漏感；R_s、R_r分别为定、转子电阻；ω_s、ω_{s-r}分别为同步频率、转差角频率。

5.3　计及控制策略影响的双馈风电机组短路电流计算

5.3.1　计及控制策略影响的双馈风电机组短路电流变化机理

故障期间双馈风机转子变流器通过调整其输出的转子励磁电压$\boldsymbol{u}_r$来实现低电压穿越。因此，要研究双馈风机短路电流变化机理需首先分析转子励磁电压$\boldsymbol{u}_r$对短路电流的影响。

由式(5-3)消去转子电流得到定子磁链$\boldsymbol{y}_s$，并将其代入式(5-2)的转子电压方程：

$$\boldsymbol{u}_r=\frac{L_m}{L_s}\frac{d\boldsymbol{\psi}_s}{dt}+j\omega_{s-r}\frac{L_m}{L_s}\frac{d\psi_s}{dt}+\left(\frac{L_rL_s-L_m^2}{L_s}\right)\frac{d\boldsymbol{i}_r}{dt}$$

$$+R_r\boldsymbol{i}_r+j\omega_{s-r}\left(\frac{L_rL_s-L_m^2}{L_s}\right)\boldsymbol{i}_r \tag{5-4}$$

转换到转子旋转坐标系下则式(5-4)简化为：

$$\boldsymbol{u}_r^r=\frac{L_m}{L_s}\frac{d\boldsymbol{\psi}_s^r}{dt}+R_r\boldsymbol{i}_r^r+\left(\frac{L_rL_s-L_m^2}{L_s}\right)\frac{d\boldsymbol{i}_r^r}{dt} \tag{5-5}$$

式中，$\boldsymbol{u}_r^r$、$\boldsymbol{\psi}_s^r$、$\boldsymbol{i}_r^r$ 分别为转子旋转坐标系下的转子电压、定子磁链和转子电流。

双馈风机暂态过程中转子磁链增量对发电机暂态过程的影响远大于定子磁链增量所带来的影响，且定子部分暂态过程的时间常数远小于转子部分暂态过程的时间常数，因此本章在研究双馈风机暂态过程时不考虑定子磁链暂态过程。同时，由于变流器中的 IGBT 元件本身的时间常数比起励磁绕组时间常数小得多，因此忽略转子侧变流器中 IGBT 的惯性时间，即式(5-1)中 K_{dc}在故障瞬间直接变为对应的调制比。由以上分析可知，若故障发生，则认为转子侧励磁电压由初值 $\boldsymbol{u}_{r0}$ 突变至穿越控制电压的参考值 $\boldsymbol{u}_{r\infty}$。由式(5-1)、式(5-5)可知，转子电流与转子励磁电压构成 RL 电路，因此，故障后转子电流为转子励磁电压的阶跃响应。

$$L_r'\frac{d\boldsymbol{i}_r^r}{dt}+R_r\boldsymbol{i}_r^r-\boldsymbol{u}_r^r=0 \tag{5-6}$$

式中，转子暂态电抗 $L_r'=L_r-L_{2m}L_{-1s}$。

转子励磁电流的时域解可列写为：

$$\boldsymbol{i}_r(t)=(\boldsymbol{i}_{r0}'-\boldsymbol{i}_{r\infty})e^{-t/\tau_r}+\boldsymbol{i}_{r\infty} \tag{5-7}$$

式中，$\boldsymbol{i}_{r0}'$、$\boldsymbol{i}_{r\infty}$分别为故障初始时刻转子励磁电流、故障稳态时刻转子励磁电流；τ_r为转子衰减时间常数，$\tau_r=\dfrac{L_rL_s-L_m^2}{R_rL_s}$。

由式(5-3)可以将定、转子电流表示为下式，其中的 $L_s=L_{s\sigma}+L_m$，$L_r=L_{r\sigma}+L_m$，考虑到双馈风机参数中 $L_m\geqslant L_{s\sigma}$、$L_m\geqslant L_{r\sigma}$则：

$$\begin{cases}\boldsymbol{i}_s=\dfrac{L_r\boldsymbol{\psi}_s-L_m\boldsymbol{\psi}_r}{L_sL_r-L_m^2}\approx\dfrac{\boldsymbol{\psi}_s-\boldsymbol{\psi}_r}{L_{s\sigma}+L_{r\sigma}}\\ \boldsymbol{i}_r=\dfrac{-L_m\boldsymbol{\psi}_s+L_s\boldsymbol{\psi}_r}{L_sL_r-L_m^2}\approx\dfrac{-(\boldsymbol{\psi}_s-\boldsymbol{\psi}_r)}{L_{s\sigma}+L_{r\sigma}}\approx-\boldsymbol{i}_s\end{cases} \tag{5-8}$$

由式(5-8)可知，在故障期间定子电流与转子电流相同的变化规律。因此，受低电压穿越控制策略影响的定子短路电流在故障期间变化机理可表示为：

$$\boldsymbol{i}_{s}(t)=(\boldsymbol{i}'_{s0}-\boldsymbol{i}_{s\infty})e^{-t/\tau_{r}}+\boldsymbol{i}_{s\infty} \tag{5-9}$$

式中，$\boldsymbol{i}'_{s0}$、$\boldsymbol{i}_{s\infty}$分别为故障初始时刻短路电流、故障稳态时刻短路电流。

由式(5-9)可知，若要计算短路电流的变化规律，首先应获得定子短路电流的初始值与稳态值。

5.3.2 故障初始时刻双馈风电机组的短路电流计算

当电网发生三相短路故障，由式(5-3)消去转子电流得到定子磁链：

$$\boldsymbol{\psi}_{s}=L_{s}\boldsymbol{i}_{s}+L_{m}\boldsymbol{i}_{r}=\frac{L_{m}}{L_{r}}\boldsymbol{\psi}_{r}+\left(\frac{L_{s}L_{r}-L_{m}^{2}}{L_{r}}\right)\boldsymbol{i}_{s} \tag{5-10}$$

将式(5-10)代入式(5-2)的定子电压方程可得：

$$\frac{Z_{f}E_{g}}{Z_{f}+Z_{1L}}=R_{s}\boldsymbol{i}_{s}+j\omega_{s}\frac{L_{m}}{L_{r}}\boldsymbol{\psi}_{r}+j\omega_{s}\left(\frac{L_{s}L_{r}-L_{m}^{2}}{L_{r}}\right)\boldsymbol{i}_{s}+\frac{d\boldsymbol{\psi}_{s}}{dt}+\boldsymbol{i}_{s}\frac{Z_{2L}(Z_{f}+Z_{1L})+Z_{f}Z_{1L}}{Z_{f}+Z_{1L}} \tag{5-11}$$

由于，磁链在故障前后不突变，可知在故障初始时刻定子磁链$\frac{d\boldsymbol{\psi}_{s}}{dt}=0$。对式(5-11)进行化简，可得初始时刻的短路电流为：

$$\boldsymbol{i}'_{s0}=\frac{j\omega_{s}\frac{L_{m}}{L_{r}}\boldsymbol{\psi}_{r0}-\frac{Z_{f}\boldsymbol{E}_{g}}{Z_{f}+Z_{1L}}}{-(R_{s}+X'+\frac{Z_{2L}(Z_{f}+Z_{1L})+Z_{f}Z_{1L}}{Z_{f}+Z_{1L}})} \tag{5-12}$$

式中，L'_{s}为双馈风机等效定子暂态电感，$L'_{s}=L_{s}-L_{2m}L_{-1r}$；$X'$为定子暂态电抗，$X'=j\omega_{s}L'_{s}$。

由式(5-12)可知，双馈风机的初始时刻短路电流由$\boldsymbol{\psi}_{r0}$、R_{s}、X'、E_{g}、Z_{1L}、Z_{2L}、Z_{f}、L_{r}、L_{m}、ω_{s}决定，其中，仅$\boldsymbol{\psi}_{r0}$为未知量。

双馈风机的转子磁链在故障瞬间不突变，即可由故障前工况求取转子磁链初始值 $\boldsymbol{\psi}_{r0}$。故障前双馈风机输出的有功、无功功率为：

$$\begin{cases} P_0 = \dfrac{3}{2}u_{sq}i_{sq} = \dfrac{3}{2}u_s i_{sq} \\ Q_0 = \dfrac{3}{2}u_{sq}i_{sd} = \dfrac{3}{2}u_s i_{sd} \end{cases} \tag{5-13}$$

式中，i_{sd}、i_{sq}分别为故障前定子电流的无功、有功分量；u_{sq}为故障前定子电压的 q 轴分量；P_0、Q_0分别为故障前双馈风机输出的有功、无功功率。

由于双馈风机转子侧变流器采用定子磁链定向，即 $\psi_{sq}=0$、$\psi_{sd}=\psi_s=\dfrac{u_s}{j\omega_s}$，则式(5-2)可列写为：

$$\begin{cases} \psi_{sd} = L_s i_{sd} + L_m i_{rd} = \psi_s = \dfrac{u_s}{j\omega_s} \\ \psi_{sq} = L_s i_{sq} + L_m i_{rq} = 0 \\ \boldsymbol{\psi}_s = \psi_{sd} + j\psi_{sq} \\ \psi_{rd} = L_m i_{sd} + L_r i_{rd} \\ \psi_{rq} = L_m i_{sq} + L_r i_{rq} \\ \boldsymbol{\psi}_r = \psi_{rd} + j\psi_{rq} \end{cases} \tag{5-14}$$

根据式(5-13)、式(5-14)，消去定、转子电流，可将初始时刻的转子磁链与故障前双馈风机输出的有功、无功功率以及故障前电压的关系表示为：

$$\begin{cases} \psi_{rd0} = \dfrac{2Q_0}{3u_s}\left(\dfrac{L_m^2 - L_r L_s}{L_m}\right) + \dfrac{L_r}{L_m}\dfrac{u_{s0}}{j\omega_s} \\ \psi_{rq0} = \dfrac{2P_0}{3u_s}\left(\dfrac{L_m^2 - L_r L_s}{L_m}\right) \\ \boldsymbol{\psi}_{r0} = \psi_{rd0} + j\psi_{rq0} \end{cases} \tag{5-15}$$

式中，故障前定子电压 u_{s0} 一般在额定值附近，有功、无功功率由故障前工况决定。

由式(5-15)可知，可由 u_{s0}、P_0、Q_0 求得故障初始时刻的转子磁链 $\boldsymbol{\psi}_{r0}$。最终，将转子磁链 $\boldsymbol{\psi}_{r0}$ 代入式(5-12)计算初始时刻短路电流 $\boldsymbol{i}'_{s0}$。

由式(5-15)、式(5-12)可知故障发生时刻双馈风机输出的有功、无功功率将会影响到输出的短路电流的大小。可以通过故障发生时 DFIG 的定、转子磁链关系来分别分析有功功率、无功功率的变化对定、转子暂态电流的影响。由式(5-2)、式(5-3)可知故障发生时刻 DFIG 的定、转子磁链、电压关系如图 5-2 所示。

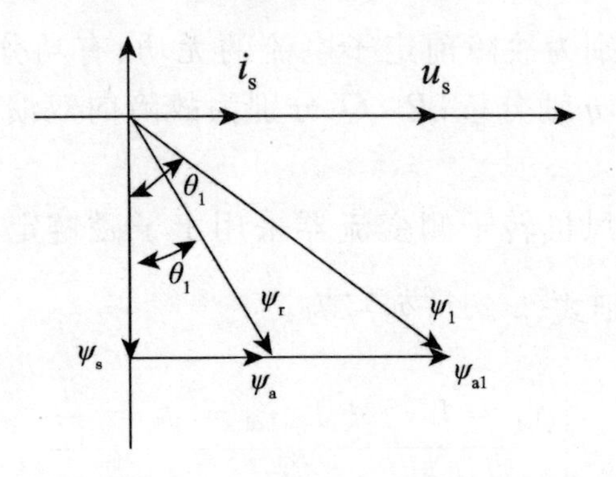

图 5-2　有功功率变化对定、转子磁链的影响示意图

(1)有功功率变化对定、转子磁链和短路电流的影响分析。

在忽略定子电阻 R_s 的情况下，定子磁链向量将滞后于定子电压向量 90°并保持相位不变。在空载的情况下，定、转子磁链矢量保持相等，此时定、转子磁链矢量将为图 5-2 中纵坐标负半轴相互重合矢量。而当双馈风机开始输出有功功率，转子中会产生一个电枢反应的磁链分量($R_r-j\omega_{s-r}L_{r\sigma}$)$\boldsymbol{i}_r$，此时转子的磁链矢量 $\boldsymbol{\psi}_r$ 就等于电枢反应的磁链 $\boldsymbol{\psi}_a$ 和定子磁链 $\boldsymbol{\psi}_s$ 的矢量之和，此时转子磁链的幅值将会变大，同时转子磁链也将超前于定子磁链一个角度。而当双馈风机输出的有功功率持续增大时，转子产生的电枢反应磁链 $\boldsymbol{\psi}_a$ 随之增大，此时转子磁链的幅值与超前于定子磁链的角度都将随之增大。而转子磁链的增大将会使定、转子暂态电流的幅值都变大，此外转子磁链超前定子磁链角度的变大相应地也会使定、转子暂态电流峰值出现的时间缩短。

(2)无功功率变化对定、转子磁链和短路电流的影响分析。

和分析有功功率变化对定、转子暂态电流影响的思路一样，对于无功功率变化对定、转子暂态电流的影响依然从定、转子磁链的关系来分析。做出故障发生时刻 DFIG 的定、转子磁链、电压关系如图 5-3 所示。

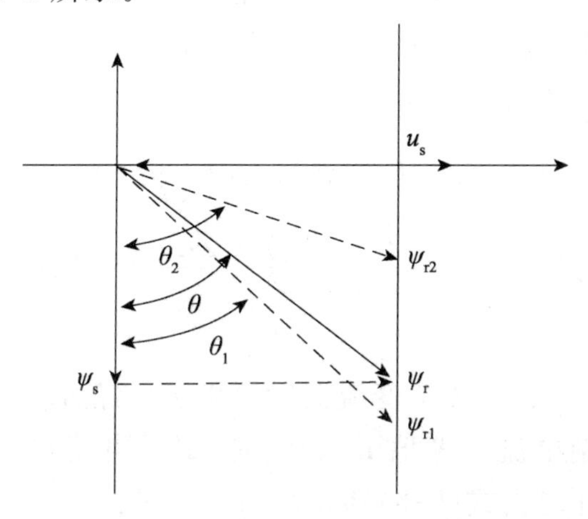

图 5-3　无功功率变化对定、转子磁链的影响示意图

当双馈风机输出滞后的无功功率时，定子的反应磁动势对双馈风机的主磁通表现为去磁作用，而定子磁链要满足磁链守恒，需要增大转子励磁，此时转子磁链就不可避免地增大，这种情况下的转子磁链就对应于图 5-3 中的 $\boldsymbol{\psi}_{r1}$。相反，当双馈风机吸收滞后的无功功率时，定子的反应磁动势对双馈风机主磁通表现为增磁作用，此时，转子磁链将会变小，这种情况下的转子磁链就对应于图 5-3 中的 $\boldsymbol{\psi}_{r2}$。综合上述两种情况可知：故障发生时刻双馈风机输出无功功率增大时，定、转子暂态电流将会相应增大。

5.3.3　故障稳态时刻双馈风电机组的短路电流计算

以往双馈风机故障期间投入 Crowbar、闭锁励磁的控制方法，短路电流会衰减为零。而我国并网标准下，受低电压穿越控制策略影响，转子侧变流器会在故障期间提供持续的励磁电流输出无功功率对电网电压提供支撑。因此，故障后双馈风机短路电流不会衰减为零，而会输出稳态的短路电流。

故障发生后，双馈风机检测到机端电压跌落，然后调整转子变流器控制策略，变为低电压穿越控制模式，输出无功电流，为系统电压提供支撑。根据低电压穿越控制策略对无功支撑的要求，调整转子励磁电流参考值，转子励磁电流经过动态过程最终达到稳态的电流参考值。

当故障动态过程结束，达到稳态时$\frac{\mathrm{d}\boldsymbol{\psi}_{\mathrm{s}}}{\mathrm{d}t}=0$，由式(5-2)可得：

$$\frac{Z_{\mathrm{f}}\boldsymbol{E}_{\mathrm{g}}}{Z_{\mathrm{f}}+Z_{1\mathrm{L}}}-\boldsymbol{i}_{\mathrm{s}}\frac{Z_{2\mathrm{L}}(Z_{\mathrm{f}}+Z_{1\mathrm{L}})+Z_{\mathrm{f}}Z_{1\mathrm{L}}}{Z_{\mathrm{f}}+Z_{1\mathrm{L}}}=R_{\mathrm{s}}i_{\mathrm{s}}+\mathrm{j}\omega_{\mathrm{s}}\psi_{\mathrm{s}} \tag{5-16}$$

当故障达到稳态时，转子变流器励磁电流 $\boldsymbol{i}_{\mathrm{r}}$经过动态过程达到低电压穿越控制电流参考值 $\boldsymbol{i}_{\mathrm{r}\infty}$。此时，定子电流也达到稳态的短路电流 $\boldsymbol{i}_{\mathrm{s}\infty}$，此时由式(5-3)和式(5-16)可得：

$$\frac{Z_{\mathrm{f}}\boldsymbol{E}_{\mathrm{g}}}{Z_{\mathrm{f}}+Z_{1\mathrm{L}}}-\boldsymbol{i}_{\mathrm{s}\infty}\frac{Z_{2\mathrm{L}}(Z_{\mathrm{f}}+Z_{1\mathrm{L}})+Z_{\mathrm{f}}Z_{1\mathrm{L}}}{Z_{\mathrm{f}}+Z_{1\mathrm{L}}}=R_{\mathrm{s}}\boldsymbol{i}_{\mathrm{s}\infty}+\mathrm{j}\omega_{\mathrm{s}}(L_{\mathrm{s}}\boldsymbol{i}_{\mathrm{s}\infty}+L_{\mathrm{m}}\boldsymbol{i}_{\mathrm{r}\infty}) \tag{5-17}$$

式中，$\boldsymbol{i}_{\mathrm{r}\infty}$为故障稳态时刻转子励磁电流，$\boldsymbol{i}_{\mathrm{r}\infty}=i_{\mathrm{rd_ref}}+\mathrm{j}i_{\mathrm{rq_ref}}$，其中，$i_{\mathrm{rq\_ref}}$，$i_{\mathrm{rd_ref}}$为转子有功、无功电流参考值。

则故障稳态时刻双馈风机的短路电流可表示为：

$$\boldsymbol{i}_{\mathrm{s}\infty}=\frac{-\omega_{\mathrm{s}}L_{\mathrm{m}}i_{\mathrm{rq\_ref}}+\mathrm{j}\omega_{\mathrm{s}}L_{\mathrm{m}}i_{\mathrm{rd\_ref}}-\dfrac{Z_{\mathrm{f}}E_{\mathrm{g}}}{Z_{\mathrm{f}}+Z_{1\mathrm{L}}}}{-\left(R_{\mathrm{s}}+X+\dfrac{Z_{2\mathrm{L}}(Z_{\mathrm{f}}+Z_{1\mathrm{L}})+Z_{\mathrm{f}}Z_{1\mathrm{L}}}{Z_{\mathrm{f}}+Z_{1\mathrm{L}}}\right)} \tag{5-18}$$

式中，X 为稳态定子电抗，$X=\mathrm{j}\omega_{\mathrm{s}}L_{\mathrm{s}}$。

由式(5-18)可知，双馈风机的稳态时刻短路电流由 $i_{\mathrm{rq\_ref}}$、$i_{\mathrm{rd\_ref}}$、R_{s}、X、E_{g}、$Z_{1\mathrm{L}}$、$Z_{2\mathrm{L}}$、Z_{f}、L_{m}、ω_{s}决定，其中，仅 $i_{\mathrm{rq\_ref}}$、$i_{\mathrm{rd_ref}}$为未知量。

我国风电并网标准规定，“当电力系统发生故障引起电压跌落时，风电场在低电压穿越过程中应具备以下无功支撑能力：当并网节点电压跌落处于标称电压的20%～90%区间内时，风电场应能够通过无功电流支撑电压恢复，其注入电力系统的无功电流$I\geqslant 1.5(0.9-U_{\mathrm{s}})\,I_{\mathrm{N}}$”。据此可知故障后转子励磁电流的控制参

考值的 d 轴 q 轴分量可表示为：

$$\begin{cases} i_{\mathrm{rd\_ref}} = f(u_{\mathrm{s}}) = i_{\mathrm{rd0}} + K_{\mathrm{d}}(0.9 - u_{\mathrm{s}})i_{\mathrm{rN}}, (K_{\mathrm{d}} \geqslant 1.5) \\ i_{\mathrm{rq\_ref}} = i_{\mathrm{rq0}}, (0 \leqslant i_{\mathrm{rq\_ref}} \leqslant \sqrt{i_{\mathrm{rmax}}^2 - i_{\mathrm{rd\_ref}}^2}) \end{cases} \tag{5-19}$$

式中，i_{rN}，i_{rmax}为转子额定电流和最大限流电流；K_{d}为无功电流增益系数。

由式(5-13)、式(5-14)可知，i_{rd0}与 i_{rq0}可由故障前双馈风机输出有功功率和机端电压表示，因此式(5-19)可表示为：

$$\begin{cases} i_{\mathrm{rd\_ref}} = f(u_{\mathrm{s}}) = \left(\dfrac{u_{\mathrm{s0}}}{\mathrm{j}\omega_{\mathrm{s}}L_{\mathrm{m}}} - \dfrac{2L_{\mathrm{s}}Q_0}{3u_{\mathrm{s0}}L_{\mathrm{m}}}\right) + K_{\mathrm{d}}(0.9 - u_{\mathrm{s}})i_{\mathrm{rN}}, \\ \quad (K_{\mathrm{d}} \geqslant 1.5) \\ i_{\mathrm{rq\_ref}} = -\dfrac{2}{3}\dfrac{L_{\mathrm{s}}P_0}{L_{\mathrm{m}}u_{\mathrm{s0}}}, (0 \leqslant i_{\mathrm{rq\_ref}} \leqslant \sqrt{i_{\mathrm{rmax}}^2 - i_{\mathrm{rd\_ref}}^2}) \end{cases} \tag{5-20}$$

式中，P_0、Q_0、u_{s0}为故障前双馈风机输出有功、无功功率和机端电压。

故障发生后，转子侧变流器根据式(5-20)调节无功电流参考值的大小，进而通过电流 PI 环节调节转子励磁电流。由于，有功功率的参考值 P_0仅与风机的输入功率有关，在故障前后不变，故按照 P_0选取故障后有功电流的参考值 $i_{\mathrm{rq\_ref}}$。而无功电流参考值 $i_{\mathrm{rd_ref}}$仅与机端电压跌落程度有关，因此，故障发生后，转子变流器首先调节无功电流参考值 $i_{\mathrm{rd\_ref}}$，使其满足并网标准中无功支撑的要求，在不超过逆变器限流电流的条件下，进一步调节有功电流的参考值 $i_{\mathrm{rq\_ref}}$。

由式(5-20)可知，在系统故障时，双馈风力发电机的无功电流与风机并网节点电压偏差呈现线性关系，图5-4为故障期间无功电流参考值与电压跌落程度间的关系图。

图5-4中，虚线区域表示控制死区，控制死区由系统正常运行时所允许的电压偏差决定。在这个区域内，双馈风机的励磁电流不需要调整，而控制死区外，励磁电流按照图示曲线进行调整。

当低电压穿越控制策略所提供的参考值大于转子变流器最大限流电流 i_{rmax} 时，按励磁电流参考值为 i_{rmax} 处理。

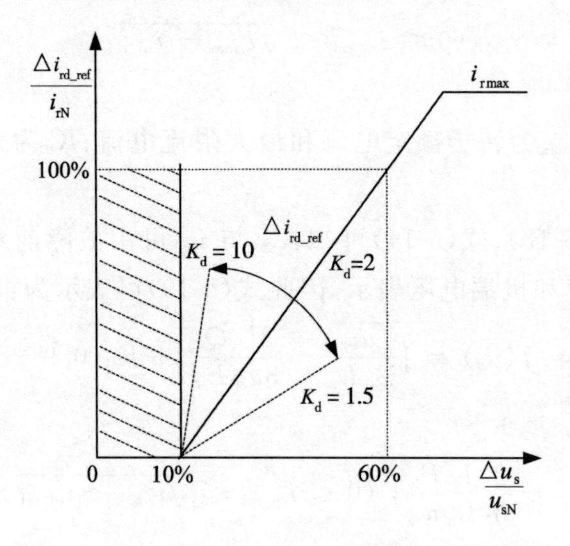

图 5-4　无功电流参考值与电压跌落程度间的关系图

令 $X_m=\omega_s L_m$ 由式(5-18)、式(5-20)可知短路稳态电流为：

$$\boldsymbol{i}_{s\infty}=\frac{X_m\left(\frac{u_{s0}}{X_m}-\frac{2L_sQ_0}{3u_{s0}L_m}\right)+X_mK_d0.9i_{rN}+\mathrm{j}X_m(P_0/u_{s0})-\frac{Z_fE_g}{Z_f+Z_{1L}}}{-\left(R_s+X+\frac{Z_{2L}(Z_f+Z_{1L})+Z_fZ_{1L}}{Z_f+Z_{1L}}+X_mK_dX_ei_{rN}\right)} \tag{5-21}$$

由式(5-21)可知，故障稳态时的短路电流 $i_{s\infty}$ 可由网侧电动势 E_g、线路中的阻抗参数、初始时刻的电压 u_{s0}、初始时刻的功率 P_0、Q_0 计算得到。将由式(5-12)、式(5-21)计算得到的初态、稳态短路电流代入式(5-9)可计算整个暂态过程中，短路电流的变化规律。

5.4　适用于双馈风电机组接入的电网故障分析方法

当 DFIG 采用低电压穿越控制模式，为系统电压提供支撑时，转子侧变流器不再闭锁，提供持续励磁，双馈风机在故障期间由励磁产生持续的工频电势。因此，故障稳态时可与网侧电路联立，建立节点电压方程，进行故障分析计算各支路的短路电流。

由以上分析可知，在故障稳态时刻，双馈风机的稳态短路电流可由式(5-18)求得。令$-\omega_s L_m i_{rq_ref}+j\omega_s L_m i_{rd_ref}$为双馈风机的稳态等效电势$E_w$，则故障稳态时双馈风机等效电路可表示为$E_w$与稳态阻抗$Z_w=R_s+X$串联的形式。

当系统发生对称故障时，DFIG只存在正序电势。对于不对称故障，锁相环可快速、准确地锁定正序电压的相位，并获得正序电压幅值，从而可根据式(5-20)得到无功电流参考值和相应的有功电流参考值。通过调节逆变器电流内环PI环节使DFIG转子励磁电流的d、q轴分量将迅速跟踪上有功、无功电流参考值，可近似忽略其暂态过程。因此，不对称故障时，DFIG转子电流的表达式与式(5-20)相同。

由上述分析可知，系统发生对称、不对称故障时，双馈风机在故障稳态都存在工频的正序内电势。由式(5-18)、式(5-20)可知，稳态内电势可表示为：

$$\begin{cases} i_{rd\_ref}=f(u_s)=\left(\dfrac{u_{s0}}{j\omega_s L_m}-\dfrac{2L_s Q_0}{3u_{s0}L_m}\right)+K_d(0.9-u_s)i_{rN}, \\ \quad (K_d\geqslant 1.5) \\ i_{rq\_ref}=-\dfrac{2}{3}\dfrac{L_s P_0}{L_m u_{s0}},(0\leqslant i_{rq\_ref}\leqslant \sqrt{i_{rmax}^2-i_{rd\_ref}^2}) \\ E_w=-\omega_s L_m i_{rq\_ref}+j\omega_s L_m i_{rd\_ref} \end{cases} \tag{5-22}$$

由式(5-22)分析可知，双馈风机稳态等效内电势E_w为一个受控电压源，其大小由机端电压u_s决定。因此，在故障前后，双馈风机不能像同步发电机一样，等效为恒定电压源处理。有必要针对故障稳态时双馈风机等效电势的特性，建立含双馈风机接入的电网故障分析方法。

以如图5-5所示的电网结构为例对含双馈风机接入的电网故障分析方法进行研究。假设在M点发生AB相接地短路，其正、负序网络如图5-6所示。E_g、Z_g分别为系统等值电势、阻抗；Z_{1L}为系统到短路点的等值阻抗；Z_{2L}为双馈风机到短路点的等值阻抗。

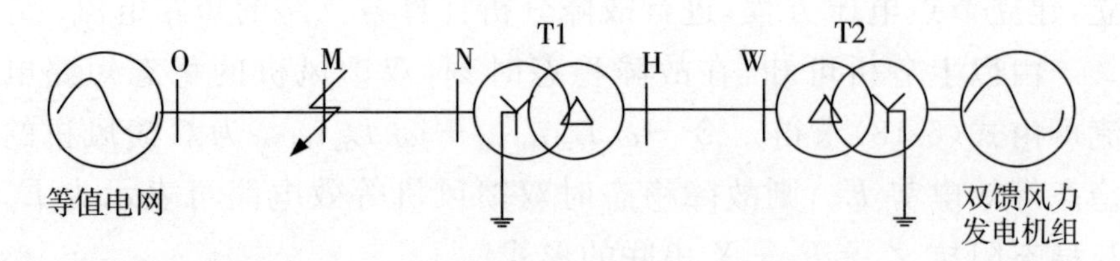

图 5-5　双馈风电场故障仿真结构图

根据基尔霍夫电压、电流定律，针对图 5-6 可得下列方程：

$$\begin{cases} E_{\mathrm{g}} - I_{1\mathrm{L}}^{+}(Z_{\mathrm{g}+} + Z_{1\mathrm{L}+}) + I_{2\mathrm{L}}^{+} Z_{2\mathrm{L}+} = u_{\mathrm{s}+} \\ E_{\mathrm{w}} - I_{2\mathrm{L}}^{+} Z_{\mathrm{w}+} = u_{\mathrm{s}+} \\ E_{\mathrm{g}} - I_{1\mathrm{L}}^{+}(Z_{\mathrm{g}+} + Z_{1\mathrm{L}+}) = I_{\mathrm{f}}^{-}\left(2Z_{\mathrm{f}} + \dfrac{(Z_{\mathrm{g}-} + Z_{1\mathrm{L}-})(Z_{\mathrm{w}-} + Z_{2\mathrm{L}-})}{Z_{\mathrm{g}-} + Z_{\mathrm{w}-} + Z_{1\mathrm{L}-} + Z_{2\mathrm{L}-}}\right) \\ I_{\mathrm{f}}^{+} = I_{\mathrm{L}1}^{+} + I_{\mathrm{L}2}^{+} \end{cases} \tag{5-23}$$

式中，$I_{1\mathrm{L}}^{+}$、$I_{1\mathrm{L}}^{-}$为系统侧提供的正、负序短路电流；$I_{2\mathrm{L}}^{+}$、$I_{2\mathrm{L}}^{-}$为双馈风机提供的正、负序短路电流；I_{f}^{+}、I_{f}^{-} 为故障点的正、负序短路电流；Z_{f}为过渡电阻。

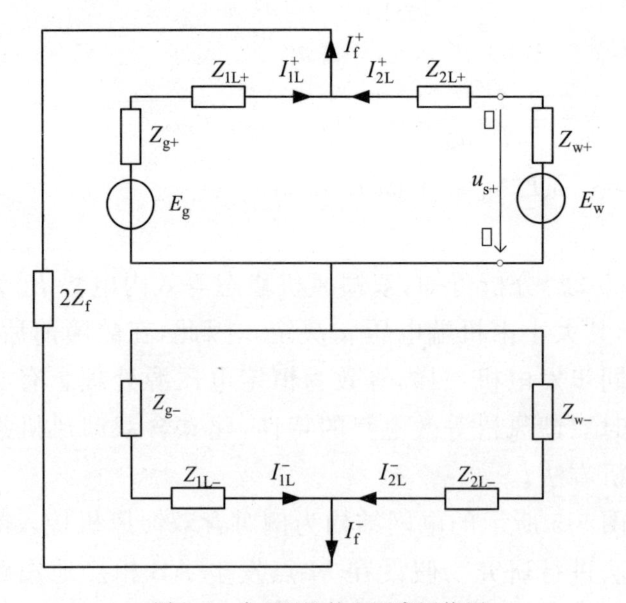

图 5-6　含 DFIG 的电网序网络图

AB相短路的边界条件如式(5-24)所示：

$$\begin{cases} I_f^+ + I_f^- = 0 \\ U_f^+ = U_f^- \end{cases} \tag{5-24}$$

式中，U_f^+、U_f^- 为故障点的正、负序电压。

联立式(5-22)～式(5-24)即可求得AB相接地短路时，各节点的电压和支路电流。同样的，可通过计算获得其他类型的故障时电网各节点电压与支路电流。

构建如图5-5所示的电网模型，对上述含DFIG的电网故障分析方法进行验证，其中，过渡电阻 Z_f 为1Ω。表5-1为额定工况下，在M点发生三相短路时各支路短路电流的仿真测试值与模型计算值的对比。表5-2为额定工况下，在M点发生AB两相短路时各支路短路电流正、负序分量的仿真测试值与模型计算值的对比。

由表5-1、表5-2可知，在对称和不对称短路情况下，本章所提故障分析方法的计算结果与仿真测试结果非常接近，而等效同步发电机的传统方法误差较大。由于，仿真测试选取的风场规模小，其输出的短路电流有限，故障点的电压和短路电流主要由系统侧决定，传统短路电流计算方法尚可粗略计算。

若风电场大规模集中接入之后，双馈风机输出的短路电流可能超过系统侧提供的短路电流。此时故障点的电压和短路电流将由风电场和系统侧共同决定。采用等效同步发电机的传统分析方法，由于未考虑DFIG的暂态特性，会使双馈风机机端电压相对实际值较小，而故障点的短路电流相对实际值较大，这将会使各支路短路电流的计算结果产生较大的误差。

由仿真结果可知，将DFIG等值为正序电压源与阻抗串联能够正确地计算各支路短路电流的幅值与相位。在此基础上建立的含DFIG接入的电网故障分析方法，能够有效提高计算准确度，正确分析DFIG接入的影响。

表 5-1　三相短路时模型计算值与仿真测试值比较

对比情况	系统侧电流		DFIG 电流电流		故障点电流		DFIG 机端电压	
	幅值/kA	相角/(°)	幅值/kA	相角/(°)	幅值/kA	相角/(°)	幅值/kV	相角/(°)
正常运行	0.17	-37.25	22.24	4.95	0.17	-37.25	0.69	4.95
仿真测试	7.52	-67.84	41.9	-63.7	7.78	-66.63	0.14	-15.8
模型计算	7.47	-66.39	42.1	-61.92	7.72	-65.4	0.14	-14.72
等效同步发电机	7.56	-64.2	71.85	-74.54	7.83	-64.52	0.11	-14.9

表 5-2　AB 两相短路时模型计算值与仿真测试值比较

对比情况	系统侧电流				DFIG 短路电流			
	正序分量		负序分量		正序分量		负序分量	
	幅值/kA	相角/(°)	幅值/kA	相角/(°)	幅值/kA	相角/(°)	幅值/kA	相角/(°)
正常运行	0.17	-37.25	0	0	22.24	4.95	0	0
仿真测试	3.9	104.35	3.95	166.44	28.67	-23.91	29.26	-24.84
模型计算	3.81	102.72	4.02	168.21	27.91	-22.7	29.1	-22.86
等效同步发电机	4.01	101.19	3.84	170.02	61.54	-31.72	28.49	-23.12

对比情况	故障点电流				DFIG 机端电压			
	正序分量		负序分量		正序分量		负序分量	
	幅值/kA	相角/(°)	幅值/kA	相角/(°)	幅值/kV	相角/(°)	幅值/kV	相角/(°)
正常运行	0.17	-37.25	0	0	0.69	4.95	0	0
仿真测试	4.07	106.15	4.08	166.15	0.39	9.75	0.27	-118.42
模型计算	4.01	105.68	4.13	167.92	0.37	9.97	0.25	-1181
等效同步发电机	4.23	103.42	3.96	168.43	0.36	20.28	0.28	-115.68

5.5　仿真验证及分析

基于电力系统实时仿真设备 RTDS 搭建了如图 5-7 所示的某接入电网的实际双馈风电场模型。其中双馈风电机通过机端变压器接于电压等级为 35kV 的母线，主要相关参数如下：风电场主变压器的变比、短路比分别为 220/35kV、3%，双馈风机机端变压器的变比、短路比分别为35/0.69kV、6%；双馈风电机额定容量为1.5 MW（18 台），定子电阻和漏感分别为0.016pu、0.169pu，转子电阻和漏感分别为0.009pu、0.153pu，励磁互感为3.49pu；线路OM、MN、HW段的等值阻抗分别为(1.95+j5.53)Ω、(1.46+j4.16)Ω、(0.13+j0.11)Ω，系统等值阻抗为j0.5 Ω。由于风电场内采用同型双馈风电机组，其暂态特性基本一致，本章采用一台等容量的双馈风电机代替。

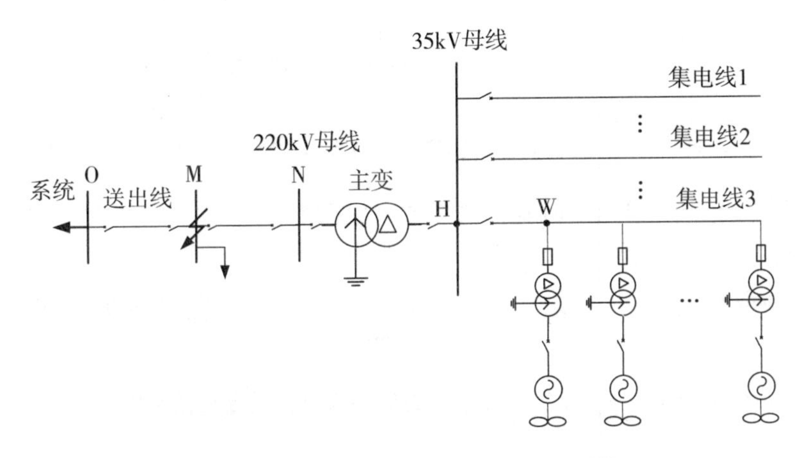

图 5-7　双馈风电场故障仿真测试的电网结构图

设故障前双馈风机工作于额定工况下，以 $t=0.5$s 时 M 端发生三相短路，持续0.2s为仿真条件。首先分析了我国并网标准下双馈风机的转子励磁电流。图5-8(a)为M端三相短路时转子电流控制参考值与测试值的比较。

由图5-8(a)可知，故障发生后转子励磁电流经过动态过程达到了低电压策略控制参考值，这与5.3节的分析结论一致。图5-8(b)为仿真测试中获取的M端三相短路双馈风机短路电流录波图，由于故障期间持续励磁控制的影响，双馈风机将输出稳态短路电流，这与传统的将双馈风机等效为异步发电机不提供稳态短路电流有较大区别。采用全周傅氏算法提取短路电流的有效值，可得图5-9中的短路电流测试轨迹；利用本章所提的方法计算了短路电流有效值，可获得图5-9中模型计算轨迹。

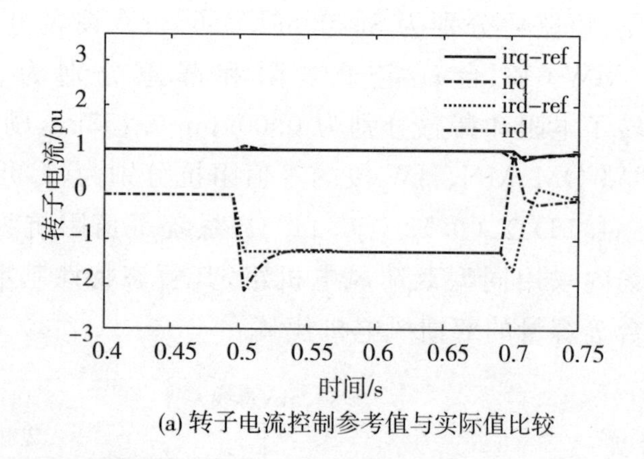

(a) 转子电流控制参考值与实际值比较

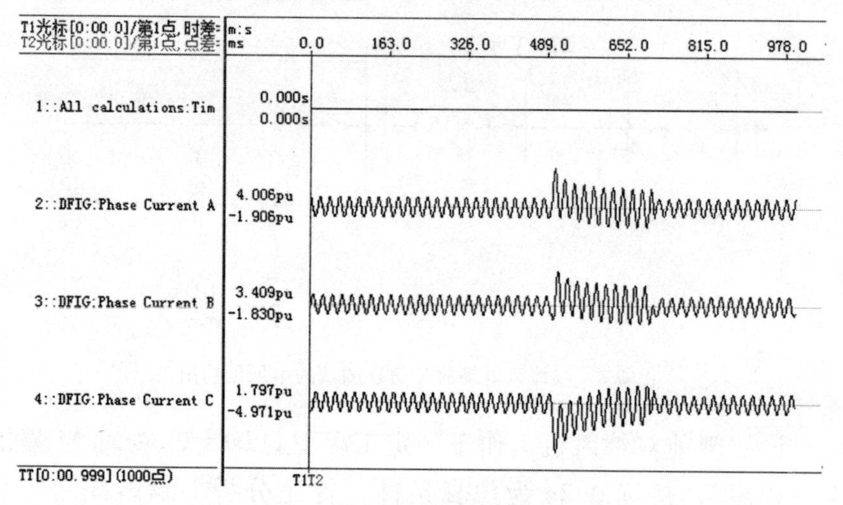

(b) 额定工况下 M 端三相短路双馈风机短路电流录波图

图 5-8　M 端三相短路时短路电流仿真结果

由图 5-9 可知,在故障初始时刻($t=0.5$s),双馈风机短路电流有效值突增为 3.17pu,本章所提方法的计算结果为 3.13pu,与测试结果的误差为 1.4%;在故障达到稳态后,测试结果为 2.18pu,本章所提方法的计算结果为 2.16pu,与测试结果的误差为 1.2%。在衰减过程中计算曲线与测试曲线的拟合度极高,且测试值在计算曲线的上下波动。由上述分析可知,本章所提方法不仅能精确地计算短路电流的初始值与稳态值,还能准确描述短路电流衰减过程中的变化规律。

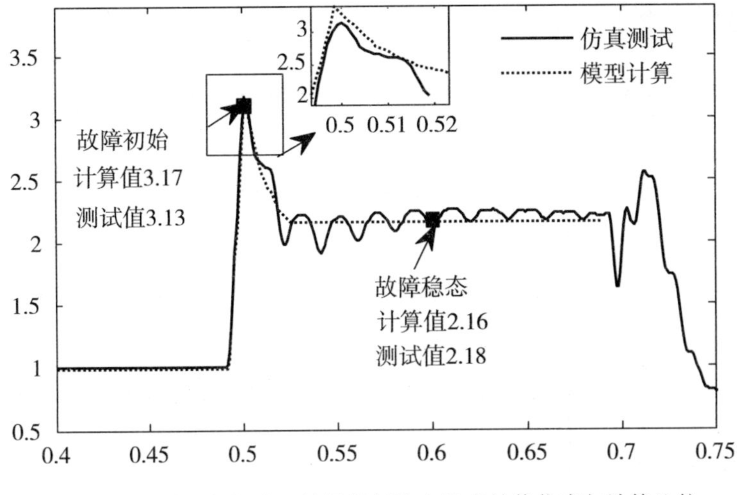

图 5-9　M 端三相短路双馈风机短路电流有效值仿真与计算比较

设故障前双馈风机工作于 0.8 倍额定工况下，以 $t=0.5$s 时 N 端发生三相短路，持续 0.2s 为仿真条件。首先分析了我国并网标准下双馈风机的转子励磁电流。图 5-10(a)为 O 端三相短路时转子电流控制参考值与测试值的比较。

图 5-10(b)为仿真测试中获取的 O 端三相短路时双馈风机短路电流录波图。采用全周傅氏算法提取短路电流的有效值，可得图 5-11 中的短路电流测试轨迹；利用本章所提的方法计算了短路电流有效值，可获得图 5-11 中模型计算轨迹。

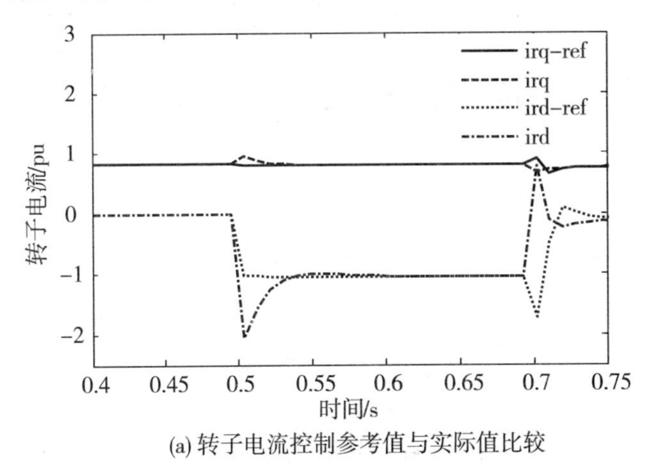

(a) 转子电流控制参考值与实际值比较

图 5-10　O 端三相短路时短路电流仿真结果

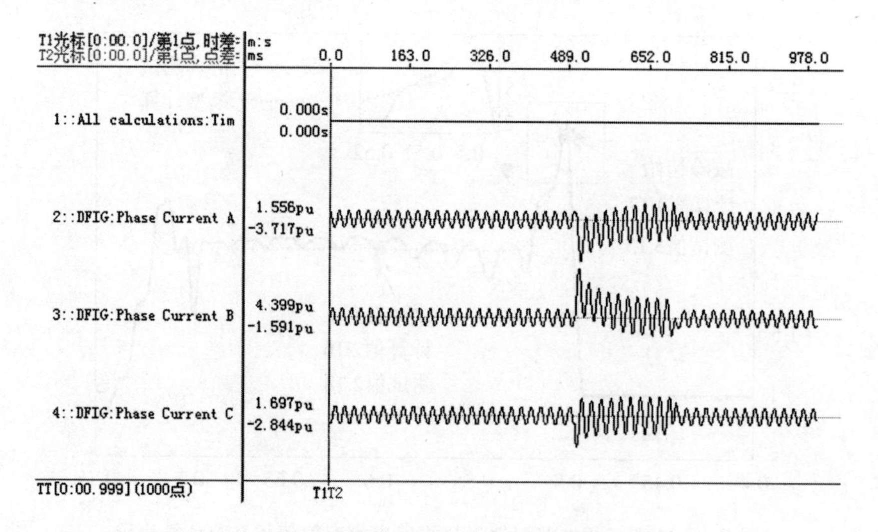

(b) O 端三相短路双馈风机短路电流录播图

图 5-10 (续)

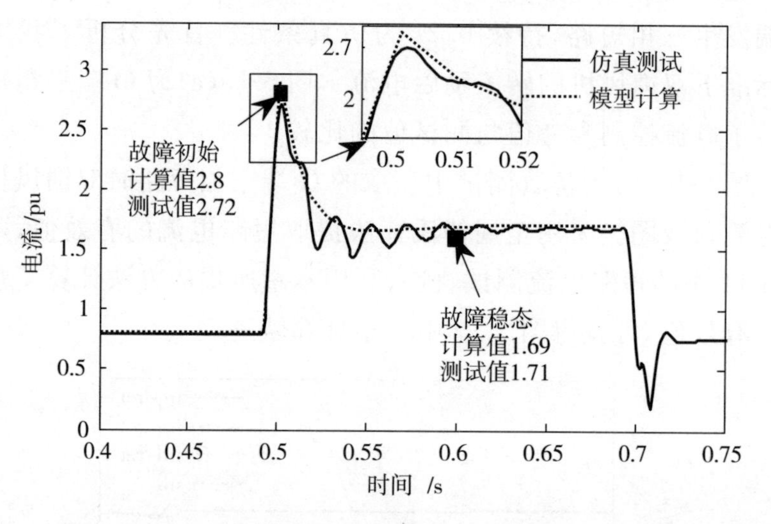

图 5-11 O 端三相短路双馈风机短路电流有效值仿真与计算比较

由图 5-11 可知,在故障初始时刻(t=0.5s),双馈风机短路电流有效值突增为 2.72pu,本章所提方法的计算结果为 2.8pu,与测试结果的误差为 2.9%,在故障达到稳态后,测试结果为 1.71pu,本章所提方法的计算结果为 1.69pu,与测试结果的误差为 1.2%。由上述分析可知,本章所提的计算方法在计算不同故障位置、不同工况下短路电流时具有较高精度。

设故障前双馈风机工作于额定工况下，以 $t=0.5$s 时 M 端、MN 线路 50%处、N 端发生三相短路故障，持续 0.2s、0.3s 为条件进行仿真，短路电流有效值仿真与计算结果如图 5-12 所示。

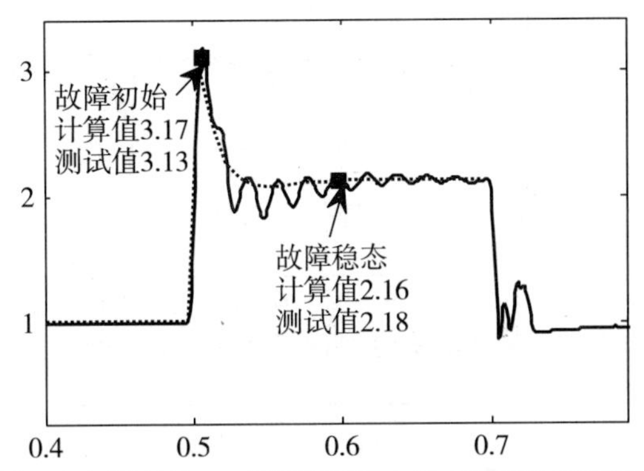

(a) M端三相短路持续0.2s情况下短路电流有效值仿真与计算比较

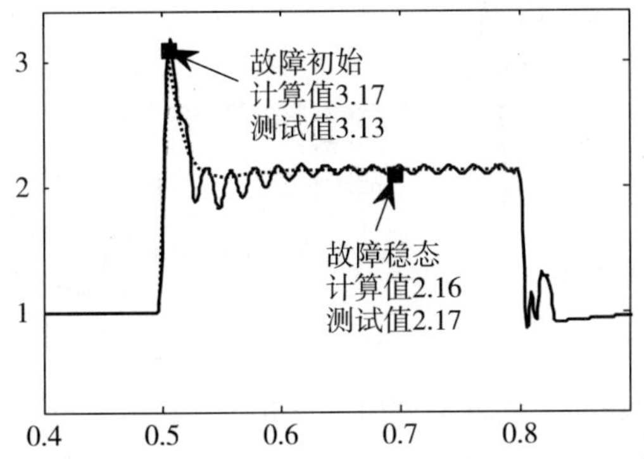

(b) M端三相短路持续0.3s情况下短路电流有效值仿真与计算比较

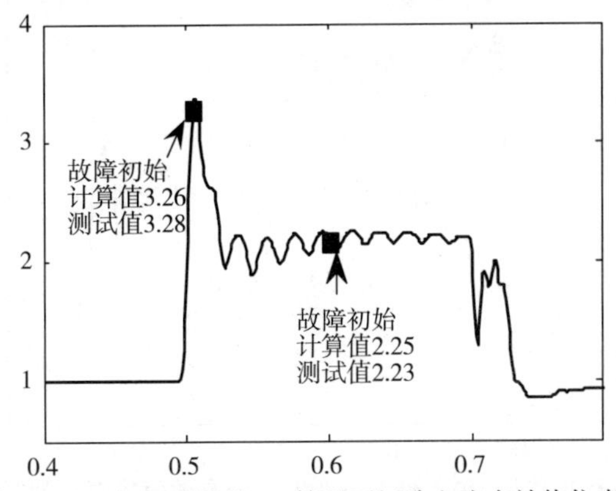

(c) MN线路50%处三相短路持续0.2s情况下短路电流有效值仿真与计算比较

图 5-12　不同故障位置、不同故障持续时间下短路电流仿真与计算结果比较

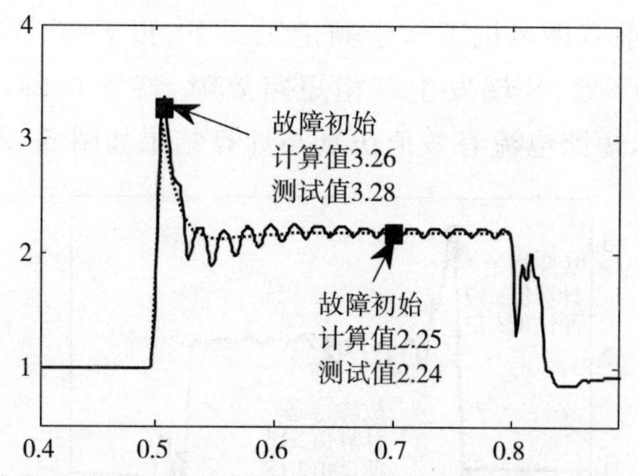

(d) MC线路50%处三相短路持续0.3s情况下短路电流有效值仿真与计算比较

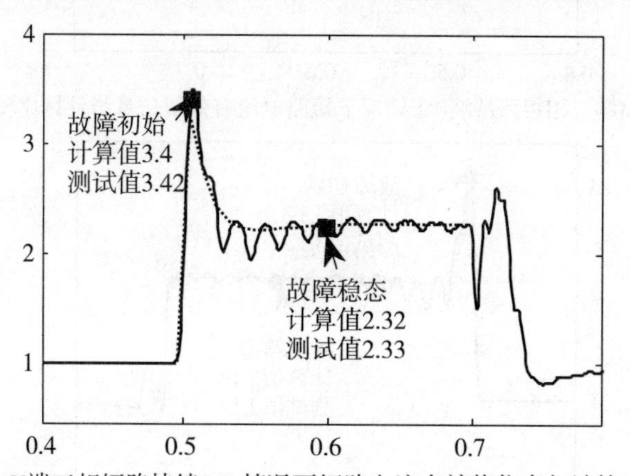

(e) N端三相短路持续0.2s情况下短路电流有效值仿真与计算比较

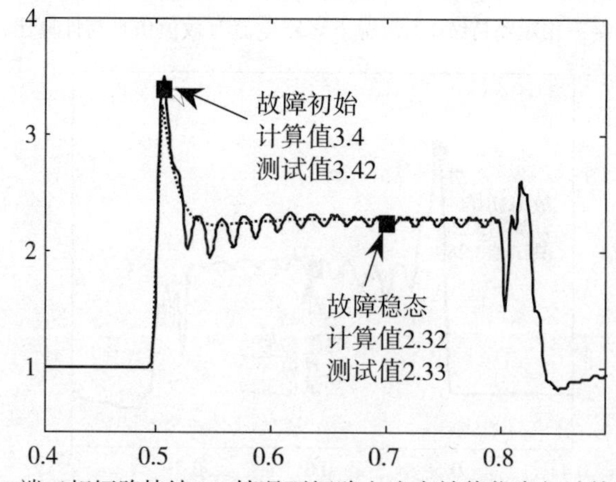

(f) N端三相短路持续0.3s情况下短路电流有效值仿真与计算比较

图 5-12 （续）

由仿真结果图5-12可以看出，同一点发生故障时，不同的故障持续时间下双馈风机的短路电流变化规律基本一致，故障持续0.3s时短路电流稳态的持续时间更长。在故障位置不同的情况下，所计算得到短路电流初始值、稳态值与实验测试结果误差分别小于3%、2%，由以上分析可知，本章所提方法能够准确计算不同故障持续时间、不同故障位置下的双馈风机短路电流。

分别针对不同工况（故障前输出功率为1pu、0.9pu、0.8pu、0.7pu）、不同故障位置（MN线上距N点20%、30%、40%、50%、60%、70%处）的条件下，进行了多组仿真测试，获得如表5-3所示短路电流仿真和模型计算结果对比。

表5-3 短路电流模型计算值与仿真测试值比较

故障位置	故障前1pu工况				故障前0.9pu工况			
	故障初始电流		故障稳态电流		故障初始电流		故障稳态电流	
	测试/pu	计算/pu	测试/pu	计算/pu	测试/pu	计算/pu	测试/pu	计算/pu
距N点20%处	3.38	3.4	2.32	2.31	3.28	3.31	2.31	2.3
距N点30%处	3.34	3.36	2.29	2.28	3.23	3.25	2.28	2.27
距N点40%处	3.31	3.28	2.27	2.26	3.22	3.24	2.25	2.24
距N点50%处	3.28	3.26	2.25	2.23	3.17	3.14	2.24	2.22
距N点60%处	3.24	3.26	2.23	2.21	3.09	3.12	2.21	2.19
距N点70%处	3.21	3.25	2.21	2.19	3.08	3.11	2.19	2.17
故障位置	故障前0.8pu工况				故障前0.7pu工况			
	故障初始电流		故障稳态电流		故障初始电流		故障稳态电流	
	测试/pu	计算/pu	测试/pu	计算/pu	测试/pu	计算/pu	测试/pu	计算/pu
距N点20%处	3.19	3.21	2.29	2.28	3.07	3.09	2.26	2.25
距N点30%处	3.12	3.15	2.27	2.26	3.04	3.01	2.24	2.22
距N点40%处	3.11	3.14	2.23	2.22	3.03	3.01	2.21	2.2
距N点50%处	3.05	3.08	2.22	2.19	2.97	3	2.19	2.17
距N点60%处	2.99	3.02	2.19	2.17	2.91	2.94	2.18	2.16
距N点70%处	2.97	3.01	2.18	2.16	2.88	2.93	2.16	2.14

注：故障稳态的测试时间为故障后100ms。

通过上述多组测试获得如图 5-13 所示的短路电流计算、测试结果误差图。分别对比了故障后初始时刻(t=0.5s)、稳态时刻(t=0.6s),以及动态过程中 t=0.52s、t=0.55s 时刻的短路电流计算、测试结果的误差。由图 5-13 可知,本章所提方法对不同故障下短路电流初始值的计算误差小于 3%,稳态值的计算误差小于 2%;且在电流衰减过程中的计算误差均不超过 6%,准确描述了短路电流的变化机理。

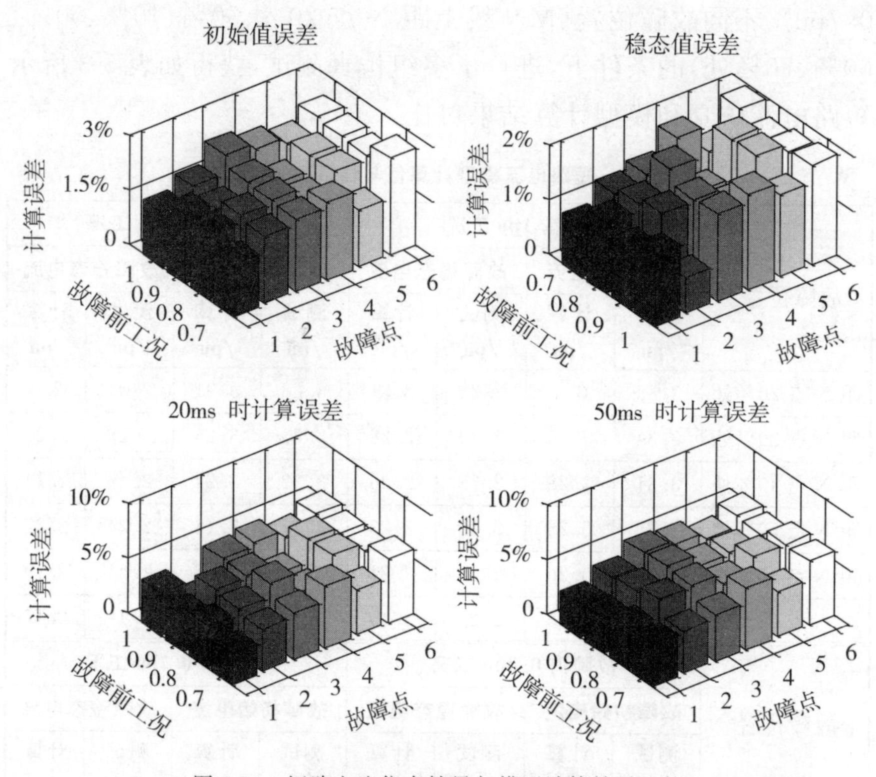

图 5-13 短路电流仿真结果与模型计算结果比较

5.6 本章小结

针对双馈风电机组短路电流计算未计及低电压穿越控制策略影响这一问题。本章分析了低电压穿越控制策略对短路电流的影响机理,提出了计及低电压穿越控制策略影响的双馈风机短路电流计算方法，并在此基础上对含 DFIG 接入的电网故障分析方法进行了探讨与分析。基于 RTDS 的仿真平台测试结果表明：

(1)本章针对转子侧变流器不闭锁、双馈风机输出无功电流的情况，分析了低电压穿越控制策略对励磁的影响机理，建立了计及控制策略影响的双馈风机暂态模型，所建暂态模型能够准确地描述双馈风机的暂态过程。

(2)本章所提计及低电压穿越控制策略影响的双馈风机短路电流计算方法考虑了我国风电并网标准的要求，准确地分析了控制策略对双馈风机短路电流的影响机理。

(3)本章针对故障稳态时双馈风机等效电势的特性，提出了适用于 DFIG 接入的电网故障分析方法，所提模型实现了 DFIG 接入后对电网对称、不对称故障下各支路短路电流的计算。

第6章　含多类型风电机组的混合型风电场短路电流计算与故障分析方法研究

6.1 引　言

随着大规模风电场并网容量的不断增加，其短路电流对保护的影响不能再忽略不计。不精确的短路电流计算会影响故障分析的结果，进而使保护动作特性的评估产生误差。针对以往研究中未考虑风场中风机类型多样性、无法准确等效风电场的故障暂态过程等问题。

本章首先分析了故障期间控制策略对风电机组暂态过程的影响，建立了双馈风机与永磁风机的单机等值模型；在此基础上，采用分群聚合等效的方法，建立了含多类型风机的混合型风电场简化等值模型；进一步分析了风电场短路电流的变化规律，给出了风电场的短路电流计算方法。最终采用RTDS建立了含混合型风电场接入的某地区电网仿真模型，验证所提短路计算方法的准确性。最后，在分析风电场简化等值模型的基础上，提出了适用于风电场接入的电网稳态短路电流计算模型。

6.2　计及控制策略影响的风电机组等值模型

现有风电场中的风机类型主要包括永磁风电机组与双馈风电机组。为准确分析混合型风电场故障期间的暂态特性，需首先分别研究故障期间永磁、双馈风电机组的等值模型。

6.2.1　计及控制策略影响的永磁风电机组等值模型

由于永磁风机通过全功率变流器与电网隔离开来，使电网的电气扰动不会直接影响到永磁风电机，由图 6-1 所示可知故障期间永磁风机的短路电流暂态特性主要由故障期间网侧变流器控制策略所决定。

正常运行情况下，永磁风电机组网侧变流器通常采用基于电网侧电压矢量定向双闭环控制策略，其输出的电压、电流所对应的方程为：

$$\begin{cases} u_{gd} = -(k_{ip} + k_{ii}/s)(i_{gd\_ref} - i_{gd}) + u_m + \omega_s L i_{1q} \\ u_{gq} = -(k_{ip} + k_{ii}/s)(i_{gq\_ref} - i_{gq}) - \omega_s L i_{1d} \\ i_{gd\_ref} = (k_{vp} + k_{vi}/s)(u_{dc\_ref} - u_{dc}) \end{cases} \tag{6-1}$$

式中，i_{gd}，i_{gq}，i_{gd_ref}，i_{gq_ref}分别为网侧变流器出口侧的电流 d 轴和 q 轴分量的实际值与参考值；u_{dc}和 u_{dc_ref}为直流母线电压的实际值与参考值；k_{ip}，k_{ii}，k_{vp}，k_{vi}分别为电流、电压控制器的比例和积分增益；u_m为出口变压器的低压侧电压的幅值；$L = L_1 + L_2$ 分别为 LCL 滤波器的等值电感；ω_s为电网的角频率；u_{gd_ref}，u_{gq_ref}为网侧变流器调制电压的 d 轴、q 轴分量。正常运行时为保证永磁风机的单位功率因数运行，其 q 轴电流（无功分量）控制环参考值设为零；d 轴电流（有功分量）控制环参考值由外环直流电压控制器来给出。

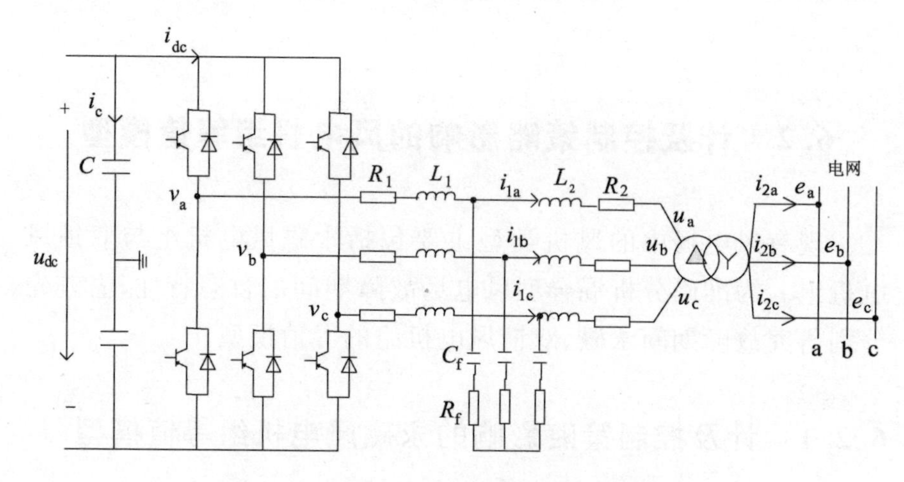

图 6-1　永磁风电机组网型变流器拓扑结构

(1)永磁风电机组故障期间的控制策略。

由于受到故障期间永磁风机变流器电力电子器件最大通流能力的限制,为保证故障下流过变流器的电流不超过最大允许电流(一般为 2 倍额定电流),需在网侧变流器电流控制环的输入处设置限幅环节。但该环节将在故障下引起网侧变流器交直流侧功率的不平衡,多余能量将使直流电压上升,导致直流母线过压保护动作或造成直流电容受损。为此,本章提出如图 6-2 所示的直流母线卸荷电路控制策略,以永磁风机出口处的电流和电压作为投切判断条件,并由直流母线电压偏差经 PI 控制器后的输出决定所占空比大小。

如图 6-2 所示,故障后当流过网侧变流器电流大于 2 倍的额定值且永磁风机出口处电压跌落至低电压穿越要求的运行范围之内时(小于 0.9 倍额定电压),直流模型卸荷电路投入运行。其所投的电阻值大小由直流母线电压偏差算出的占空比决定。当故障切除后,永磁风机出口电压恢复至额定值附近,占空比将置零,切除卸荷电路。同时为保证在故障切除后永磁风机能够快速恢复至稳定,将图 6-2 中的直流母线电压参考值与正常运行控制回路中的直流母线电压参考值设为相同。

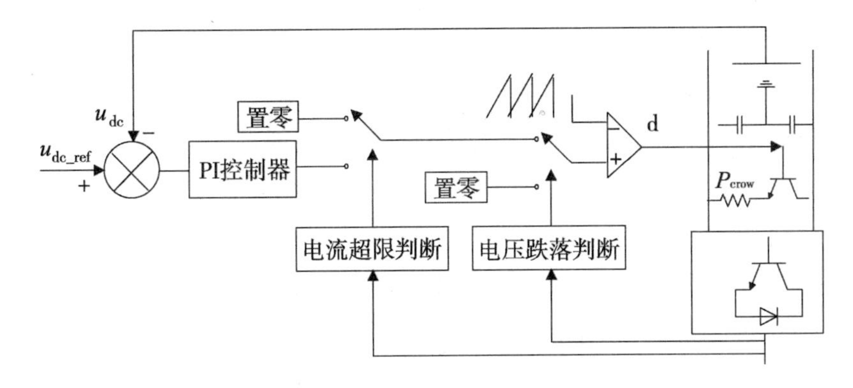

图 6-2　直流卸荷电路控制原理图

其中，直流母线卸荷电路投入后消耗的功率为：

$$P_{crow} = du_{dc}^2/R_{crow} \tag{6-2}$$

式中，占空比 d 的取值范围为 0～1。忽略变流器、滤波器和变压器引起的功率损耗，P_{crow}将等于故障前后永磁风机输出到电网的有功功率的差值。

若将图 6-1 所示的网侧系统等效为戴维南等值电路，其中，系统侧等值电势为 E，系统到永磁风机的等值阻抗为 $Z_G = R_G + jX_G$，则正常情况下永磁风机输出的有功功率 P_g（近似等于直流输入功率 P_{dc}）为：

$$P_g = n_T uE\sin\delta/X + 3I_g^2 R_G \tag{6-3}$$

式中，n_T为图 6-1 所示的变压器变比，u 为逆变器出口处电压，δ为矢量 E 与 u 的夹角，$X = X_{LCL} + X_T + X_G$，I_g为永磁风机输出的电流。

故障后，永磁风机出口处变压器的高压侧电压跌落为 γU_{1N}（γ 为跌落系数）由于电流限幅环节的作用，永磁风机输出到电网的功率将为：

$$P_{gf} = 2\sqrt{3}\gamma U_{1N} I_{2N}\cos\varphi \tag{6-4}$$

式中，P_{gf}故障发生后由于电流限幅环节作用永磁风机输出的功率，U_{1N}、I_{1N}分别为额定电压和电流，$\cos\varphi$ 为变流器出口处功率因数。

(2)稳态短路电流分析。

故障情况下永磁风电机组（可认为其故障期间直流母线上的输入功率不变）出口处电压跌落将使网侧变流器的输出电流不断

增加，当其网侧变流器输入和输出有功功率达到平衡后才能稳定。若出口处电压跌落较严重，流过网侧变流器的电流将超过最大允许值，网侧变流器电流限幅环节将限制该电流的大小，这种情况下将投入直流母线的卸荷电路。即故障后永磁风电机组控制策略调整为低电压穿越模式，投入直流卸荷电路，限制输出短路电流。而故障切除后，永磁风机出口电压恢复，变流器控制策略切换回正常的并网控制策略，输出电流和功率逐复正常。

在故障发生和切除的初始阶段，由于电网电压的突变将引起永磁风机输出电流基波量的迅速增大，还将使输出电流中包含较大的谐波分量。根据式(6-1)可得图 6-3 所示永磁风机网侧变流器 d 轴并网电流控制回路。

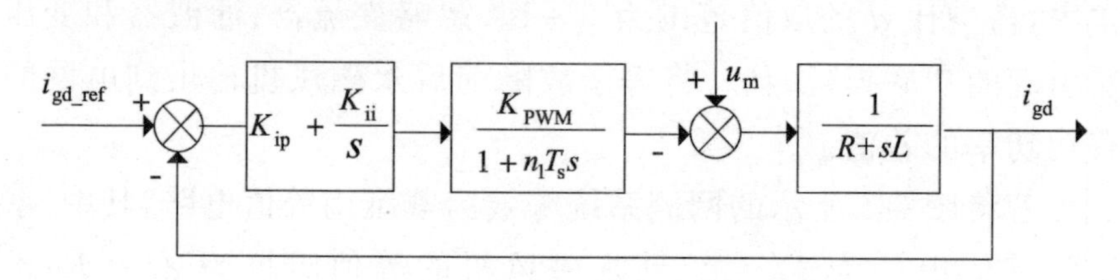

图 6-3　网侧变流器 d 轴并网电流控制回路

频域下，永磁风机出口电压与 d 轴电流间关系为：

$$\frac{i_{gd}(s)}{u_m(s)}=\frac{s(1+\tau_{pwm}s)}{Ls^2(\tau_{pwm}s+1)+k_{pwm}(k_{ip}s+k_{ii})} \tag{6-5}$$

式中，k_{PWM}为网侧变流器 PWM 的比例增益，τ_{PWM}为变流器及其调制策略等效时间常数。

式(6-5)中所包含的极点与并网电流控制回路相同。通常在电流控制回路中通过设计 PI 参数使其所包含的两个极点互为共轭(阻尼比通常选取 0.7)且离虚轴距离最近(对系统起主导作用)，以保证并网变流器电流能快速跟踪其参考值。当电网故障引起机端电压 $\boldsymbol{u}_m$突然减小时，在时域中与式(6-5)中共轭极点对应的衰减振荡项为：

$$i_{gd}(t)=1.4e^{-0.7\omega_n t}\sin(0.7141\omega_n t+0.7954) \tag{6-6}$$

式中，自然频率 ω_n满足如下表达式：

$$\begin{cases}1.4L\omega_{\mathrm{n}}a^2-k_{\mathrm{pwm}}k_{\mathrm{ip}}a+k_{\mathrm{pwm}}\tau_{\mathrm{pwm}}k_{\mathrm{ii}}=0\\a=1-1.4\tau_{\mathrm{pwm}}\omega_{\mathrm{n}}\end{cases}\tag{6-7}$$

同样的，由式(6-1)可知 q 轴电流分量因受本身控制回路中解耦项 $\omega_{\mathrm{s}}Li_{1\mathrm{d}}$影响，也会存在衰减的振荡项。这些振荡分量通过两相旋转/三相静止坐标变换后即求得网侧变流器输出的电流中包含的谐波分量。

通过上述对永磁风电机组故障期间低电压穿越控制策略(图 6-4)和稳态短路电流的分析可知以往研究未计及控制策略的影响，认为故障期间永磁风机的控制参考值不发生变化，将其简单等效为恒定的电流源不能准确地反映永磁风机故障期间的暂态特性。

我国新的风电并网标准中要求并网风机具有一定的低电压穿越能力，应能够在故障期间根据电压跌落程度调整输出电流，为系统提供一定的无功支撑。因此，本章在分析低电压穿越控制策略影响的基础上，建立永磁风机等值模型。

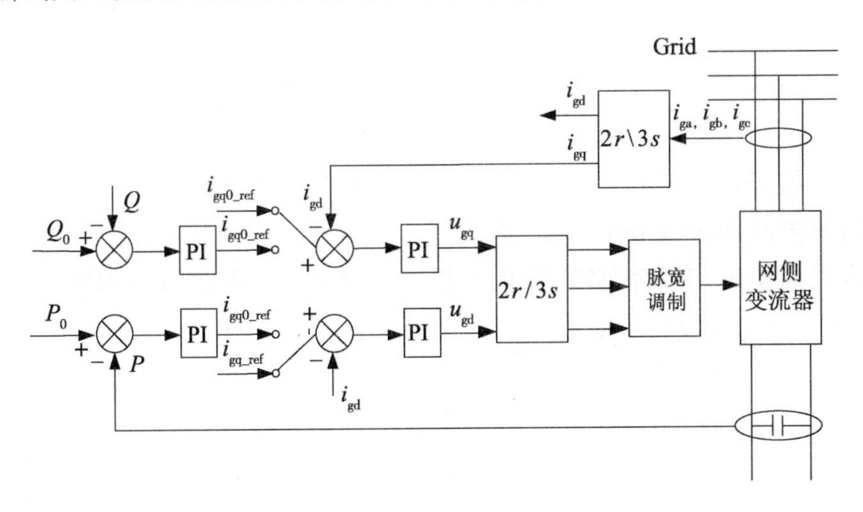

图 6-4　永磁风机低电压穿越控制策略图

永磁风机在检测到机端电压跌落后，调整网侧变流器控制策略，变为低电压穿越控制模式。按风电场新的并网标准中，对故障期间永磁风电机组输出无功支撑电流的要求，可将故障后永磁风机网侧变流器控制参考值的 d、q 轴分量表示为：

$$\begin{cases} i_{gd\_ref} = i_{gd0}, (0 \leqslant i_{gd\_ref} \leqslant \sqrt{i_{max}^2 - i_{gq\_ref}^2}) \\ i_{gq\_ref} = f(u_g) = i_{gq0} + K_d(0.9 - u_g)i_N, (K_d \geqslant 1.5) \end{cases} \tag{6-8}$$

式中，i_{gd_ref}与i_{gq_ref}分别为故障后变流器输出的有功、无功电流参考值；i_{max}为逆变器允许的最大电流，u_g为永磁风机机端电压。

可由故障前工况求取网侧变流器电流初值i_{gd0}、i_{gq0}。由于永磁风机网侧变流器采用电网电压定向，即$u_{gd}=u_g$，$u_{gq}=0$，则输出有功、无功可列写为：

$$\begin{cases} P_{0\_PMSG} = \frac{3}{2}(u_{gq}i_{gq} + u_{gd}i_{gd}) = \frac{3}{2}u_{gd}i_{gd} = \frac{3}{2}u_g i_{gd} \\ Q_{0\_PMSG} = \frac{3}{2}(u_{gq}i_{gd} - u_{gd}i_{gq}) = -\frac{3}{2}u_{gd}i_{gq} = -\frac{3}{2}u_g i_{gq} \end{cases} \tag{6-9}$$

由式(6-9)可得网侧变流器电流初值i_{gd0}、i_{gq0}：

$$\begin{cases} i_{gd0} = \frac{2}{3}\frac{P_{0\_PMSG}}{u_{g0}} \\ i_{gq0} = -\frac{2}{3}\frac{Q_{0\_PMSG}}{u_{g0}} \\ i_{g0} = i_{gd0} + \mathrm{j}i_{gq0} \end{cases} \tag{6-10}$$

故障前永磁风机机端电压u_{g0}一般在额定值附近，有功、无功功率由故障前工况决定。由式(6-10)可知，i_{gd0}与i_{gq0}可由故障前永磁风机输出功率和机端电压表示。因此，式(6-8)可表示为：

$$\begin{cases} i_{gd\_ref} = \frac{2}{3}\frac{P_{0\_PMSG}}{u_{g0}}, (0 \leqslant i_{gd\_ref} \leqslant \sqrt{i_{max}^2 - i_{gq\_ref}^2}) \\ i_{gq\_ref} = f(u_g) = -\frac{2}{3}\frac{Q_{0\_PMSG}}{u_{g0}} + K_d(0.9 - u_g)i_N, (K_d \geqslant 1.5) \end{cases} \tag{6-11}$$

令$I_g = i_{gd_ref} + \mathrm{j}i_{gq_ref}$为故障后永磁风机输出的稳态短路电流，其可由式(6-11)求得：

$$I_g = i_{gd\_ref} + \mathrm{j}i_{gq\_ref} = \frac{2}{3}\frac{P_{0\_PMSG}}{u_{g0}} - \frac{2}{3}\mathrm{j}\frac{Q_{0\_PMSG}}{u_{g0}} + \mathrm{j}K_d(0.9 - u_g)i_N \tag{6-12}$$

由式(6-12)可知，永磁风机输出的稳态短路电流 I_g 由机端电压 u_g 以及故障前工况决定，因此，故障稳态时永磁风机等效电路可表示为一个受控电流源的形式。

6.2.2　计及控制策略影响的双馈风电机组等值模型

以往研究中认为，双馈风机在故障发生后Crowbar投入，转子变流器闭锁。而我国新的风电并网标准GB/T 19963—2011《风电场接入电力系统技术规定》要求，双馈风机在故障发生后，需要输出无功电流，为系统电压提供支撑，转子变流器不再闭锁。此时，变流器的输出特性将影响到双馈风机的电磁暂态特性，因此，分析双馈风机的电磁暂态特性过程，需要首先根据变流器的输入—输出外特性等值其数学模型。

在故障期间网侧变流器通过直流卸荷电路可将直流电压 u_{dc} 维持在参考值附近，因此，本章假设直流电压 u_{dc} 在故障前后为定值。直流电压 u_{dc} 经转子侧变流器逆变至励磁电压 u_r，u_r 的大小由转子变流器通过改变调制比进行控制。在考虑变流器中半导体器件电压损耗与热损的情况下，转子励磁电压的外特性方程可列写为：

$$\boldsymbol{u}_{\mathrm{r}} = \frac{A}{n} K_{\mathrm{dc}} \boldsymbol{u}_{\mathrm{dc}} - \boldsymbol{i}_{\mathrm{dc}} X_{\mathrm{rsc}} - \Delta \boldsymbol{u}_{\mathrm{rsc}} \tag{6-13}$$

式中，A、n、K_{dc} 分别为转子侧变流器的三相桥式电流逆变系数，定转子变比，转子侧变流器调制比；$\boldsymbol{i}_{dc}$、X_{rsc}、$\Delta \boldsymbol{u}_{rsc}$ 分别为直流母线电流，变流器等效换弧电抗和IGBT压降。

在暂态过程中，假设转速不变，忽略磁饱和现象，定、转子采用电动机惯例，同步旋转坐标系下双馈风机空间矢量模型为：

$$\begin{bmatrix} \boldsymbol{u}_{\mathrm{s}} \\ \boldsymbol{u}_{\mathrm{r}} \end{bmatrix} = \begin{bmatrix} R_{\mathrm{s}} & 0 \\ 0 & R_{\mathrm{r}} \end{bmatrix} \begin{bmatrix} \boldsymbol{i}_{\mathrm{s}} \\ \boldsymbol{i}_{\mathrm{r}} \end{bmatrix} + \begin{bmatrix} \dfrac{\mathrm{d}\boldsymbol{\psi}_{\mathrm{s}}}{\mathrm{d}t} \\ \dfrac{\mathrm{d}\boldsymbol{\psi}_{\mathrm{r}}}{\mathrm{d}t} \end{bmatrix} + \begin{bmatrix} \mathrm{j}\omega_{\mathrm{s}} & 0 \\ 0 & \mathrm{j}\omega_{\mathrm{s-r}} \end{bmatrix} \begin{bmatrix} \boldsymbol{\psi}_{\mathrm{s}} \\ \boldsymbol{\psi}_{\mathrm{r}} \end{bmatrix} \tag{6-14}$$

$$\begin{bmatrix} \boldsymbol{\psi}_{\mathrm{s}} \\ \boldsymbol{\psi}_{\mathrm{r}} \end{bmatrix} = \begin{bmatrix} L_{\mathrm{s}} & L_{\mathrm{m}} \\ L_{\mathrm{m}} & L_{\mathrm{r}} \end{bmatrix} \begin{bmatrix} i_{\mathrm{s}} \\ i_{\mathrm{r}} \end{bmatrix} \tag{6-15}$$

式中，$\boldsymbol{u}_{\mathrm{s}}$、$\boldsymbol{u}_{\mathrm{r}}$、$\boldsymbol{i}_{\mathrm{s}}$、$\boldsymbol{i}_{\mathrm{r}}$、$\boldsymbol{\psi}_{\mathrm{s}}$、$\boldsymbol{\psi}_{\mathrm{r}}$分别为折算到定子侧的定、转子电压、电流和磁链；$L_{\mathrm{s}}$、$L_{\mathrm{r}}$、$L_{\mathrm{m}}$分别为定、转子电感、励磁电感；$L_{\mathrm{s}\sigma}$、$L_{\mathrm{r}\sigma}$分别为定、转子漏感；$R_{\mathrm{s}}$、$R_{\mathrm{r}}$分别为定、转子电阻；$\omega_{\mathrm{s}}$、$\omega_{\mathrm{s-r}}$分别为同步频率、转差角频率。

当电网发生三相短路故障，将网侧系统等效为戴维南等值电路，其中，系统侧等值电势为 E_{L}，系统到故障点的等值阻抗为 $Z_{1\mathrm{L}}$，双馈风机到故障点的等值阻抗为 $Z_{2\mathrm{L}}$，过度阻抗为 Z_{f}，双馈风机机端电压为 u_{s}。根据式(6-13)～式(6-15)，可得如图 6-5 所示的故障后双馈风电机组的等效电路。

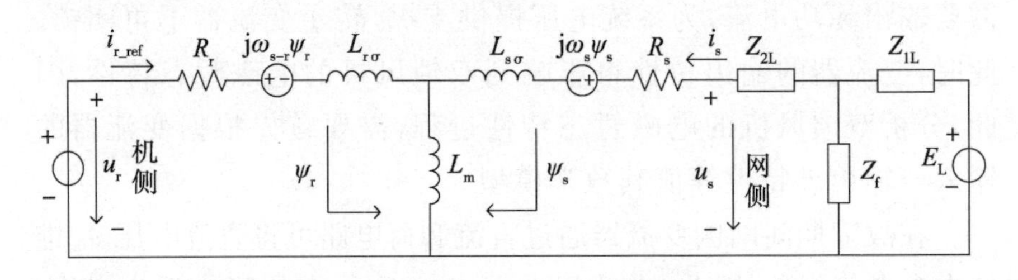

图 6-5　双馈风电机故障后等值电路

故障发生后，双馈风电机检测到机端电压跌落后，调整转子变流器控制策略，变为低电压穿越控制模式，输出无功电流，为系统电压提供支撑。根据低电压穿越控制策略对无功支撑的要求，选取转子侧变流器的调制比 K_{dc} 改变转子励磁电压 u_{r}，进而调整转子励磁电流。最终，转子励磁电流经动态过程达到稳态的电流参考值。

当故障动态过程结束，达到稳态时$\dfrac{\mathrm{d}\boldsymbol{\psi}_{\mathrm{s}}}{\mathrm{d}t}=0$，由定子电压方程式(6-14)可得：

$$\frac{Z_{\mathrm{f}}E_{\mathrm{L}}}{Z_{\mathrm{f}}+Z_{1\mathrm{L}}}-\boldsymbol{i}_{\mathrm{s}}\frac{Z_{2\mathrm{L}}(Z_{\mathrm{f}}+Z_{1\mathrm{L}})+Z_{\mathrm{f}}Z_{1\mathrm{L}}}{Z_{\mathrm{f}}+Z_{1\mathrm{L}}}=R_{\mathrm{s}}\boldsymbol{i}_{\mathrm{s}}+\mathrm{j}\omega_{\mathrm{s}}\boldsymbol{\psi}_{\mathrm{s}} \tag{6-16}$$

当故障达到稳态时，转子变流器励磁电流 $\boldsymbol{i}_{\mathrm{r}}$经过动态过程达到低电压穿越控制电流参考值 $\boldsymbol{i}_{\mathrm{r}\infty}$。此时，定子电流也达到稳态的短路电流 $\boldsymbol{i}_{\mathrm{s}\infty}$，由式(6-15)和式(6-16)可得：

$$\frac{Z_f E_L}{Z_f + Z_{1L}} - \boldsymbol{i}_{s\infty} \frac{Z_{2L}(Z_f + Z_{1L}) + Z_f Z_{1L}}{Z_f + Z_{1L}}$$
$$= R_s \boldsymbol{i}_{s\infty} + j\omega_s (L_s \boldsymbol{i}_{s\infty} + L_m \boldsymbol{i}_{r\infty}) \tag{6-17}$$

式中，$\boldsymbol{i}_{r\infty}$为故障稳态时刻转子励磁电流，$\boldsymbol{i}_{r\infty} = i_{rd_ref} + j i_{rq_ref}$，其中，$i_{rq\_ref}$，$i_{rd_ref}$为转子有功、无功电流参考值。

则故障稳态时刻双馈风机短路电流可表示为：

$$\boldsymbol{i}_{s\infty} = \frac{(\omega_s L_m i_{rq\_ref} - j\omega_s L_m i_{rd\_ref})(Z_f + Z_{1L}) + Z_f E_L}{(R_s + X)(Z_f + Z_{1L}) + Z_{2L}(Z_f + Z_{1L}) + Z_f Z_{1L}} \tag{6-18}$$

式中，X为稳态定子电抗，$X = j\omega_s L_s$。

由式(6-18)可知，双馈风机的稳态时刻短路电流由i_{rq_ref}、i_{rd_ref}、R_s、X、E_L、Z_{1L}、Z_{2L}、Z_f、L_m、ω_s决定，其中，仅i_{rq_ref}、i_{rd_ref}为未知量。

电网新的并网标准规定，“当电力系统发生故障引起电压跌落时，风电场在低电压穿越过程中应具备以下无功支撑能力；当并网节点电压跌落处于标称电压的20%～90%区间内时，风电场应能够通过无功电流支撑电压恢复，其注入电力系统的无功电流$I \geqslant 1.5(0.9 - U_s)\ I_N$。”据此可知故障后转子励磁电流的控制参考值的$d$、$q$轴分量可表示为：

$$\begin{cases} i_{rd\_ref} = f(u_s) = i_{rd0} + K_d(0.9 - u_s) i_{rN}, (K_d \geqslant 1.5) \\ i_{rq\_ref} = i_{rq0}, (0 \leqslant i_{rq\_ref} \leqslant \sqrt{i_{rmax}^2 - i_{rd\_ref}^2}) \end{cases} \tag{6-19}$$

式中，i_{rN}，i_{rmax}为转子额定电流和变流器最大限流电流；K_d为无功电流增益系数。

可由故障前工况求取转子电流初始值i_{rd0}、i_{rq0}。故障前双馈风机输出的有功、无功功率为：

$$\begin{cases} P_{0\_DFIG} = \dfrac{3}{2}(u_{sq} i_{sq} + u_{sd} i_{sd}) = \dfrac{3}{2} u_{sq} i_{sq} = \dfrac{3}{2} u_s i_{sq} \\ Q_{0\_DFIG} = \dfrac{3}{2}(u_{sq} i_{sd} - u_{sd} i_{sq}) = \dfrac{3}{2} u_{sq} i_{sd} = \dfrac{3}{2} u_s i_{sd} \end{cases} \tag{6-20}$$

式中，i_{sd}、i_{sq}分别为定子电流的无功、有功分量；u_{sd}、u_{sq}为定子电压

的 d、q 轴分量；P_{0_DFIG}、Q_{0_DFIG} 分别为故障前双馈风机输出的有功、无功功率。

由于双馈风机转子侧变流器采用定子磁链定向，即 $\psi_{sq}=0$、$\psi_{sd}=\psi_s=\frac{u_s}{j\omega_s}$，则式(6-15)可列写为：

$$\begin{cases}\psi_{sd}=L_s i_{sd}+L_m i_{rd}=\psi_s=\dfrac{u_s}{j\omega_s}\\ \psi_{sq}=L_s i_{sq}+L_m i_{rq}=0\\ \psi_{rd}=L_m i_{sd}+L_r i_{rd}\\ \psi_{rq}=L_m i_{sq}+L_r i_{rq}\end{cases} \tag{6-21}$$

根据式(6-20)、式(6-21)，消去定子电流，可将初始时刻的转子电流与故障前双馈风机输出的有功、无功功率以及故障前电压的关系表示为：

$$\begin{cases}i_{rd0}=\dfrac{u_{s0}}{j\omega_s L_m}-\dfrac{2L_s Q_{0\_DFIG}}{3u_{s0}L_m}\\ i_{rq0}=-\dfrac{2}{3}\dfrac{L_s P_{0\_DFIG}}{L_m u_{s0}}\\ i_{r0}=i_{rd0}+j i_{rq0}\end{cases} \tag{6-22}$$

故障前定子电压 u_{s0} 一般在额定值附近，有功、无功功率由故障前工况决定。由式(6-22)可知，i_{rd0} 与 i_{rq0} 可由故障前双馈风机输出功率和机端电压表示。因此，式(6-19)可表示为：

$$\begin{cases}i_{rd\_ref}=f(u_s)=\left(\dfrac{u_{s0}}{j\omega_s L_m}-\dfrac{2L_s Q_{0\_DFIG}}{3u_{s0}L_m}\right)+K_d(0.9-u_s)i_{rN},\\ \quad (K_d\geqslant 1.5)\\ i_{rq\_ref}=-\dfrac{2}{3}\dfrac{L_s P_{0\_DFIG}}{L_m u_{s0}},(0\leqslant i_{rq\_ref}\leqslant\sqrt{i_{rmax}^2-i_{rd\_ref}^2})\end{cases} \tag{6-23}$$

故障发生后，转子侧变流器根据式(6-23)调节无功电流参考值的大小，进而通过电流 PI 环节调节转子励磁电流。由于有功功率的参考值 P_{0_DFIG} 仅与双馈风机的输入功率有关，在故障前后不变，故按照 P_{0_DFIG} 选取故障后有功电流的参考值 i_{rq_ref}。而无功

电流参考值 $i_{\mathrm{rd\_ref}}$ 仅与机端电压跌落程度有关，因此，故障发生后，转子变流器首先调节无功电流参考值 $i_{\mathrm{rd\_ref}}$，使其满足并网标准中无功支撑的要求，在不超过逆变器限流电流的条件下，进一步调节有功电流的参考值 $i_{\mathrm{rq\_ref}}$，双馈风机故障期间低电压穿越控制策略如图 6-6 所示。

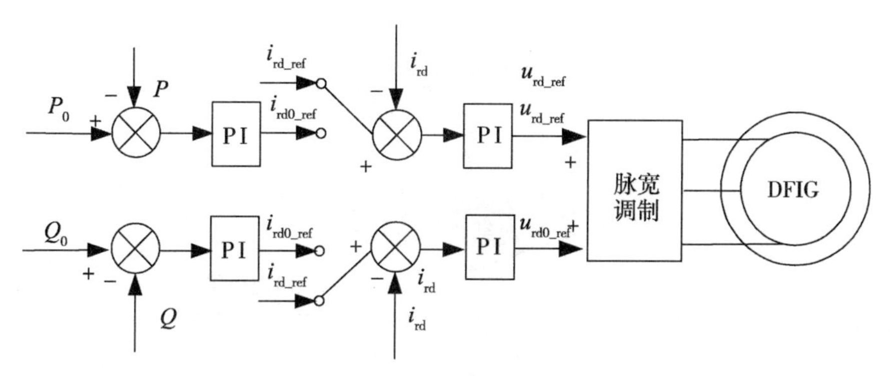

图 6-6　双馈风机低电压穿越控制策略图

由式(6-23)可知，在系统故障时，双馈风力发电机的无功电流与风机并网节点电压偏差呈现线性关系，当低电压穿越控制策略所提供的参考值大于转子变流器最大限流电流 i_{rmax} 时，按励磁电流参考值为 i_{rmax} 处理。由以上分析可知，在故障稳态时刻，双馈风机的稳态短路电流可由式(6-18)求得。

令 $-\omega_s L_m i_{\mathrm{rq\_ref}} + \mathrm{j}\omega_s L_m i_{\mathrm{rd\_ref}}$ 为双馈风机的稳态等效电势 E，$Z=R_s+X$ 为稳态阻抗，则式(6-17)可表示为：

$$E + Z\boldsymbol{i}_{s\infty} = \frac{Z_f E_L}{Z_f + Z_{1L}} - \boldsymbol{i}_{s\infty}\frac{Z_{2L}(Z_f + Z_{1L}) + Z_f Z_{1L}}{Z_f + Z_{1L}} \tag{6-24}$$

则故障稳态时双馈风机等效电路可表示为稳态等效电势 E 与稳态阻抗 Z 串联的形式。

6.3　风电场风电机组分群聚合等值方法

由以上分析可知风电机组的故障暂态特性主要受机组类型与故障期间控制策略的影响。因此，根据前一节获得的双馈风电机组与永磁风电机组的单机等效模型，以风电机组类型与控制策略为分群指标，对风电场内各台风电机进行分群聚合等效。

针对混合型风电场根据机组类型的不同、故障期间控制策略的不同得到的混合型风电场机群划分方式，如图 6-7 所示。

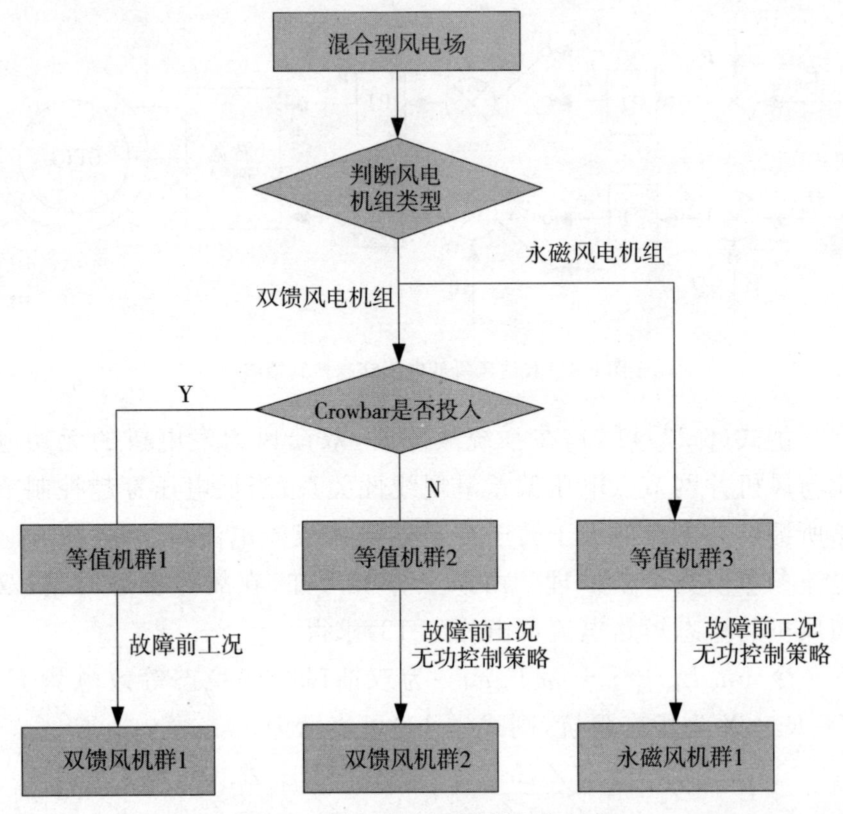

图 6-7　混合型风电场机群划分方式

步骤 1：对于被研究的混合型风电场，先根据双馈和永磁风电机组两种类型，分为双馈和永磁风电机组机群。

步骤 2：针对双馈风电机组群，判断各台双馈风机故障期间所采用的低电压穿越控制策略，将故障期间采用 Crowbar 投入的双馈风机单独作为双馈机群 1 等值聚合。

步骤 3：针对故障期间采用 Crowbar 不投入，提供无功支撑的双馈风电机组，进一步分析机组的无功控制增益 K_d倍数，将采用该控制策略的双馈风电机组作为双馈等值机群2。

步骤4：针对永磁风电机组群，根据各台永磁风机故障前的运行工况和各台永磁风机故障期间的低电压穿越控制无功控制增益K_d值，作为永磁风电机组群1进行聚合等效。

在仿真软件DigSILENT中，搭建如图6-8所示由3条集电线路组成的混合型风电场，其中集电线1连接有12台PMSG风电机组，集电线2、3分别接有12台DFIG风电机组组成，同一集电线路上的各台风电机组间线路为0.1km，集电线在35kV中压母线通过风电场主变升压到220kV，通过30km的220kV联络线路与电网主系统相连。

故障设置为0.5s时母线HV2发生三相短路，电压跌落至0.2pu，持续时间100ms。风电场线路电气参数见表6-1。

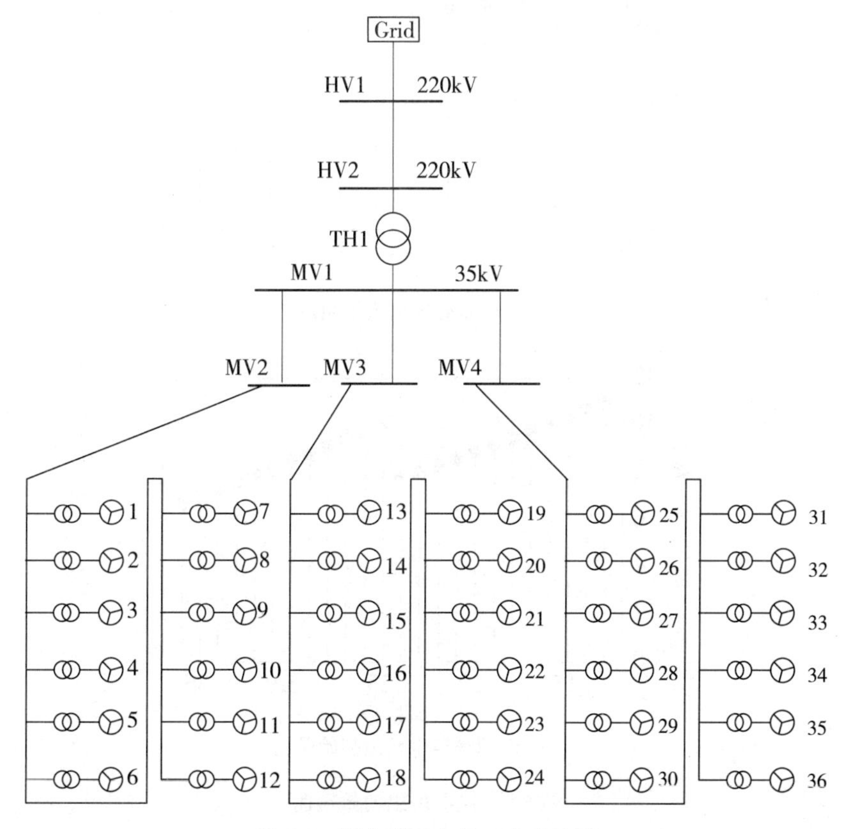

图6-8　混合型风电场一次系统图

表 6-1　风电场主要电气参数

元件	变量	参数值	变量	参数值
箱式变压器	额定容量/MW	2.22	短路阻抗/%	6
主变压器	额定容量/MW	90	短路阻抗/%	11
35kV 集电线路	电阻/(Ω/km)	0.1	电抗/(Ω/km)	0.105
220kV 线路	电阻/(Ω/km)	0.0762	电抗/(Ω/km)	0.15

设故障前混合风电场内，各台风电机组的风速分布 7～12m/s，包含最大风能追踪区和恒转速区域，同一集电线上的各风机以 0.3m/s 的风速衰减，模拟风电场内尾流效应的影响。

混合型风电场中各风电机组故障前的初始风速如图 6-9 所示。

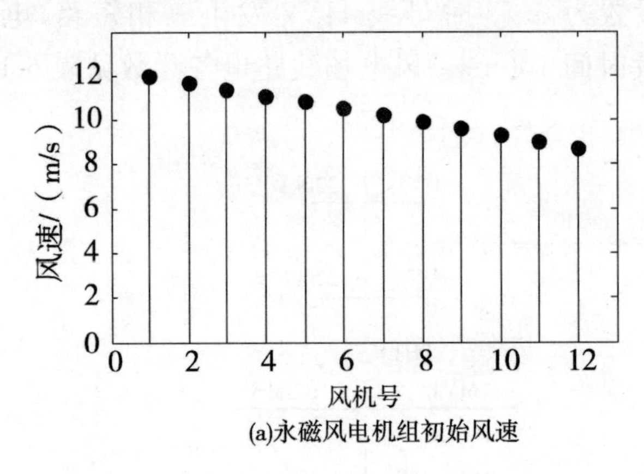

(a)永磁风电机组初始风速

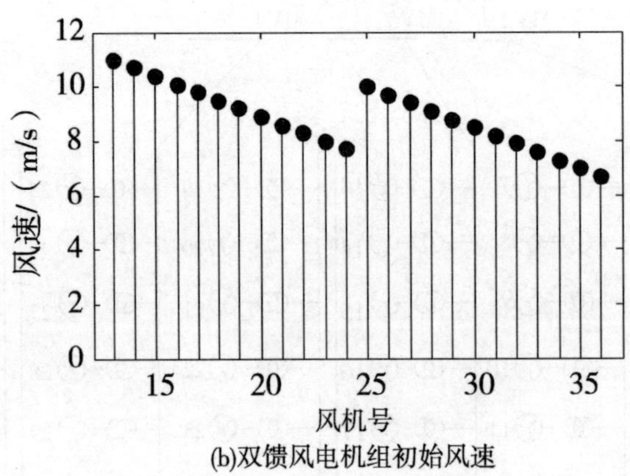

(b)双馈风电机组初始风速

图 6-9　风电机组初始风速

(1)不提供无功支撑情况。

混合型风电场中各风电机组故障期间均不提供无功支撑,双馈风电机组 12-36 号机故障期间采用投入 Crowbar 控制。针对图 6-8 所示的混合型风电场,采用图 6-7 所示的策略分群,分群结果如表 6-2 所示。传统单台双馈风机等值方法与本章所提分群等值方法的主要等值参数如表 6-3 与表 6-4 所示。

表 6-2　混合型风电场分群等值结果

等值机	聚类结果
群 1	1—12
群 2	13—36

表 6-3　传统单机等值主要参数

机组类型	等值变量	参数值	等值变量	参数值
集电线路	电阻/Ω	0.008	电抗/Ω	0.0084
双馈风机	等值风速/(m/s)	9.53	等值容量/MW	72

表 6-4　本章等值方法主要参数

机组类型	等值变量	参数值	等值变量	参数值
集电线路 1	电阻/Ω	0.0258	电抗/Ω	0.027
集电线路 2	电阻/Ω	0.0123	电抗/Ω	0.0145
永磁风机群	等值风速/(m/s)	10.45	等值容量/MW	24
双馈风机群	等值风速/(m/s)	8.98	等值容量/MW	48

在所设定的故障条件下进行仿真,可得如图 6-10、图 6-11 所示的混合型风电场有功、无功响应曲线图。

模型误差计算公式:

$$\begin{cases} E_{\mathrm{P}} = \sum_{i=1}^{n} \left| (P_{\mathrm{eqi}} - P_{\mathrm{i}})/P_{\mathrm{i}} \right| / n \times 100\% \\ E_{\mathrm{Q}} = \sum_{i=1}^{n} \left| (Q_{\mathrm{eqi}} - Q_{\mathrm{i}})/Q_{\mathrm{i}} \right| / n \times 100\% \end{cases} \tag{6-25}$$

模型的等值误差结果如表 6-5 所示。

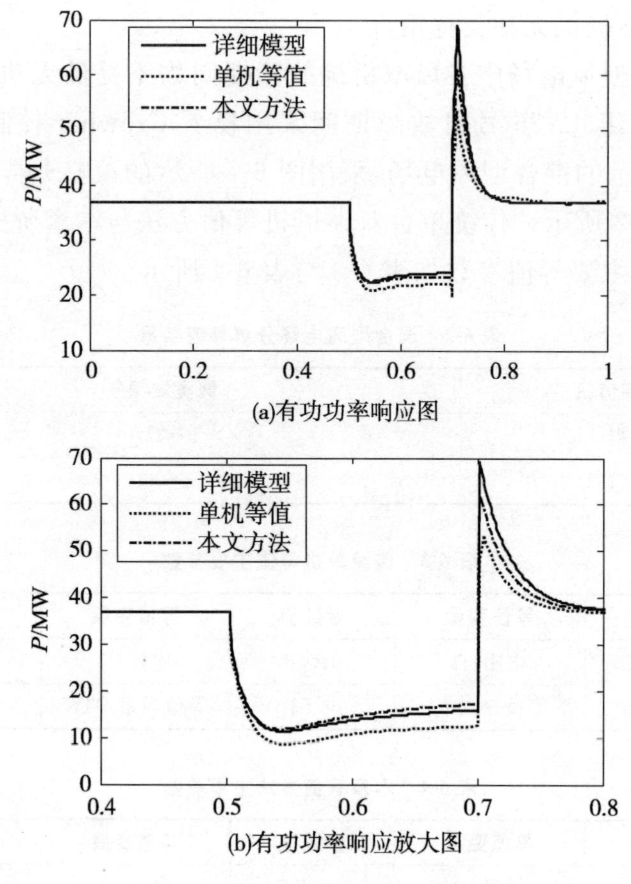

图 6-10 有功功率响应及局部放大

表 6-5 不提供无功支撑情况下混合型风电场等值误差

等值方法	E_P/%	E_Q/%
单机等值	12.4	14.6
本章方法	2.7	3.5

仿真结果表明，在混合型风电场不输出无功情况下，传统等值为单台风电机组的风电场等值方法精度较差，故障期间的等值误差为 14.6%，不能满足实际工程应用。而本章所提分群等值方法，故障期间的误差在 3.5%以内，具有更高的等值精度。因此，本章所提基于风电机组类型和故障控制策略分群的混合型风电场等值方法，具有更高的使用价值。

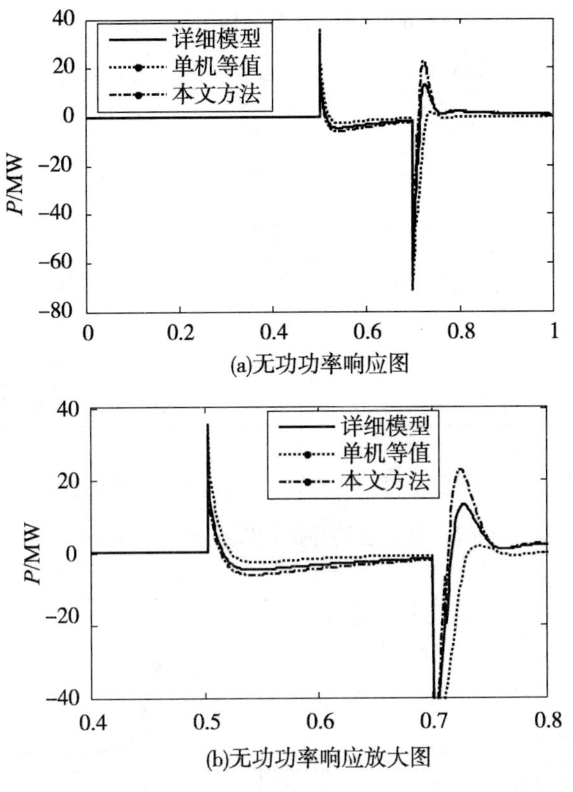

图 6-11　无功功率响应及局部放大

(2)提供无功支撑情况。

假设故障期间混合型风电场中永磁风电机组输出无功支撑电流，双馈风电机组 13-24 号机输出无功，25-36 号机故障期间投入 Crowbar，不输出无功。针对图 6-8 所示的混合型风电场，采用图 6-7 所示的分群等值策略，3 机等值的分群结果如表 6-6 所示。传统单台双馈风机等值方法与本章所提分群等值方法的主要等值参数如表 6-7 与表 6-8 所示。

表 6-6　混合型风电场分群等值结果

等值机	聚类结果
群 1	1-12
群 2	16-24
群 3	25-36

表 6-7　传统单机等值主要参数

机组类型	等值变量	参数值	等值变量	参数值
集电线路	电阻/Ω	0.008	电抗/Ω	0.0084
双馈风机	等值风速/(m/s)	9.53	等值容量/MW	72

表 6-8　本章等值方法主要参数

机组类型	等值变量	参数值	等值变量	参数值
永磁风机群	等值风速/(m/s)	10.45	等值容量/MW	24
双馈风机群 1	等值风速/(m/s)	9.46	等值容量/MW	24
双馈风机群 2	等值风速/(m/s)	8.47	等值容量/MW	24

在所设定的故障条件下进行仿真，可得如图 6-12、图 6-13 所示的混合型风电场有功、无功响应曲线图。

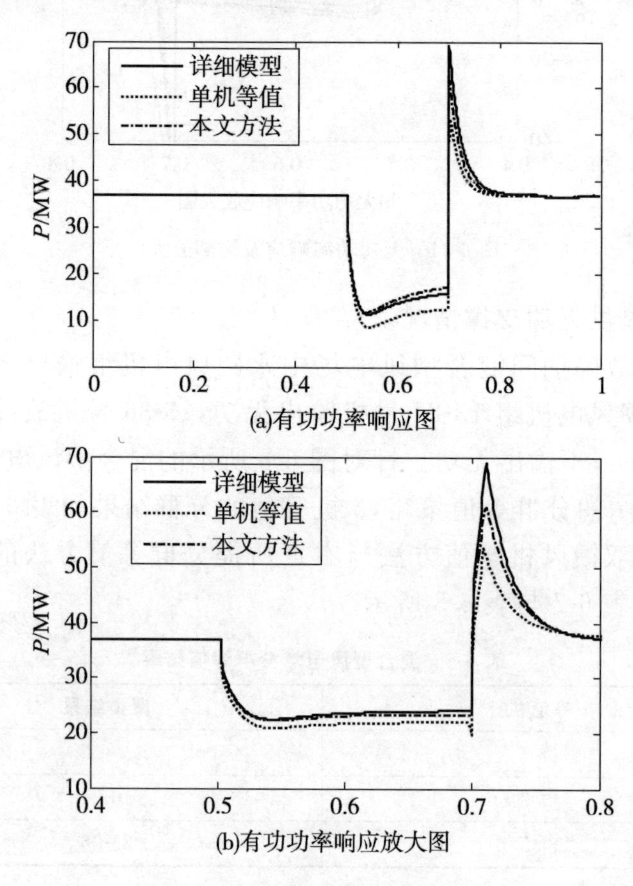

图 6-12　有功功率响应及局部放大

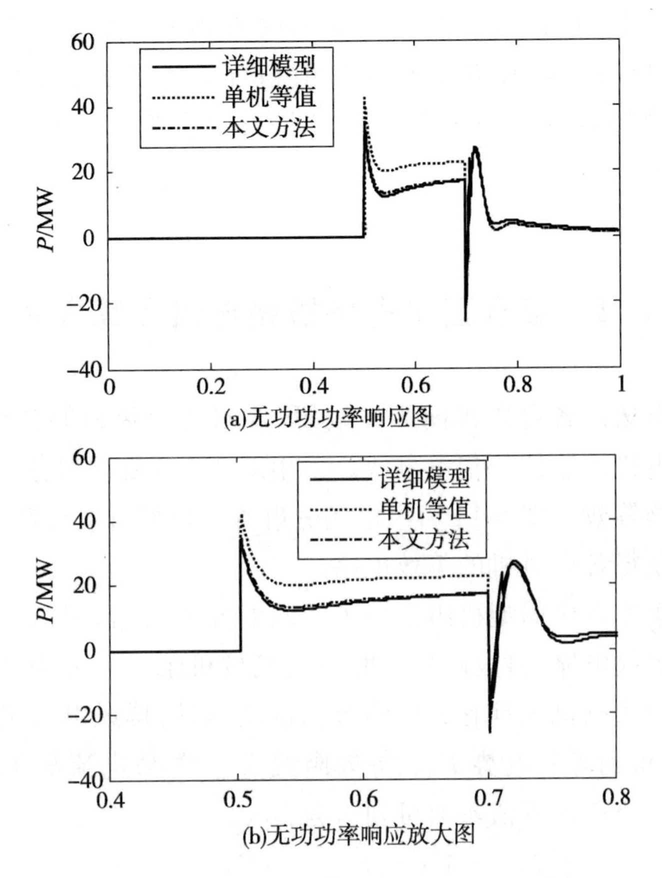

图 6-13 无功功率响应及局部放大

模型等值误差如表 6-9 所示。

表 6-9 提供无功支撑情况下混合型风电场等值误差

等值方法	E_P/%	E_Q/%
单机等值	4.3	30.2
本章方法	2.1	3.4

仿真结果表明，故障期间输出无功支撑电流情况下，由于混合型风电场中双馈风电机组采用不同控制策略，采用传统等值为1台双馈风电机组方法，虽然能近似模拟整个风电场有功功率的动态响应。但由于没有考虑双馈风机的控制策略不同，故障期间无功功率的等值误差达到30.2%，精度较差。

而本章所提分群等值方法，故障期间有功、无功功率的等值误差在3.4%以内，具有更高的等值精度。因此，采用风电机组类型和故障控制策略分群的差异作为混合型风电场的分群等值判据是合理的。

6.4 混合型风电场短路电流计算方法

风电场内各台风机间距离较短，忽略各台风机间的线路，即各台风电机组连接于集电母线。采用图6-7的机群划分策略对其进行分群等效。图6-14为风电场分群等效电路计算流程图，按照该流程获得各台风机的等效电路。

由于本章中同型机组采用了相同的控制策略，因此可由各台风机的等效电路，将故障稳态时的风机按机组类型分为2群。由于同群的风电机组具有近似的暂态特性，对同群风电机组进行聚合等效，得到等效电势 E_{equ}、等效阻抗 Z_{equ}、等效电流源 $I_{\mathrm{g\_equ}}$。各台风电机分群的等值参数可列写为：

$$\begin{cases} E_{\mathrm{equ}} = \dfrac{1}{n}\sum_{i=1}^{n} E_i\,, \boldsymbol{k}_{\mathrm{u}i} = \dfrac{E_{\mathrm{equ}}}{E_i} \\ Z_{\mathrm{DFIG\_}i} = R_{\mathrm{s}i} + \mathrm{j}X_i \\ Z_{\mathrm{equ}} = Z_{\mathrm{DFIG\_1}} // Z_{\mathrm{DFIG\_2}} // \cdots // Z_{\mathrm{DFIG\_}i} \\ I_{\mathrm{g\_equ}} = \dfrac{1}{m}\sum_{i=1}^{m} I_{\mathrm{g\_}i}\,, \boldsymbol{k}_{\mathrm{p}i} = \dfrac{I_{\mathrm{g\_equ}}}{I_{\mathrm{g\_}i}} \end{cases} \tag{6-26}$$

式中，E_i为第 i 台双馈风机的等效内电势，$Z_{\mathrm{DFIG_}i}$为第 i 台双馈风机的等效阻抗，n 为风场中双馈风机的台数，$I_{\mathrm{g_}i}$为第 i 台永磁风机等效电流源的大小，m 为风场中永磁风机的台数。

由式(6-26)可知，双馈机群等值模型可表示为电压源与阻抗的串联，其内电势 E_{equ}可由各台双馈风机模型获得，其等值电抗 Z_{equ}可由各台双馈风机的电机参数求取。而永磁机群等值模型可表示为一个受控电流源，其电流大小为风场中所有永磁风机等值电流的和。将双馈、永磁机群的等值模型并联接于 35kV 集电线，经风电场主变压器接入 220kV 电力系统。则故障稳态时混合型风电场可等效为图 6-15 所示的等值模型。

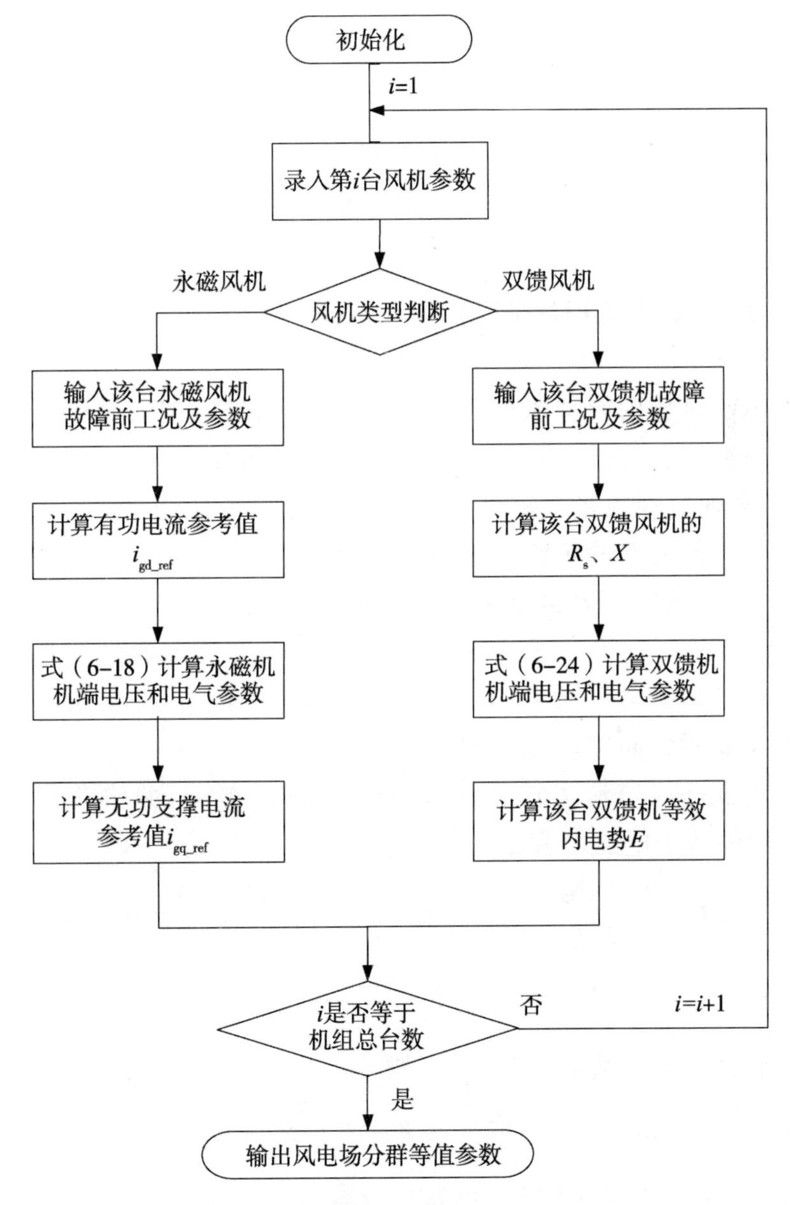

图 6-14　风电场各分群等效电路计算流程图

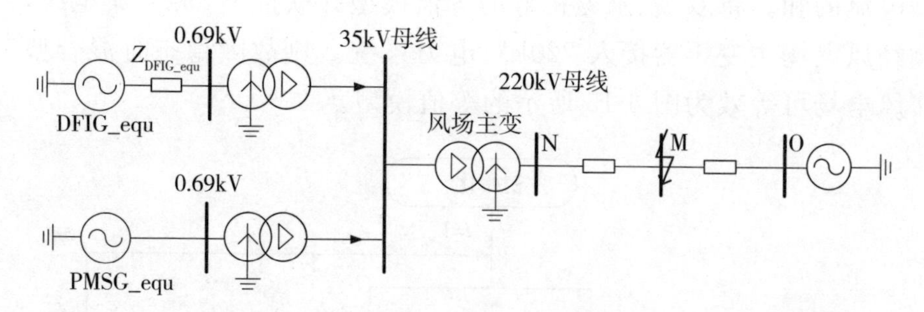

图 6-15　风电场分群简化等值模型

6.4.1　风电场短路电流变化机理

由于风场内同型风机并接于集电母线，且同型的风电机组具有近似的暂态特性，可认为其在短路期间具有相同的变化规律。因此，要研究风电场短路电流变化规律，需首先分析双馈、永磁风机单机等值模型的短路电流变化机理。

(1)双馈风机短路电流变化机理。

如图 6-5 所示，故障期间双馈风机转子变流器通过调整其输出的转子励磁电压 $\boldsymbol{u}_{\mathrm{r}}$ 来实现低电压穿越。因此，需要分析转子励磁电压 $\boldsymbol{u}_{\mathrm{r}}$ 对短路电流变化规律的影响。

由式(6-15)消去转子电流得到定子磁链 $\boldsymbol{\psi}_{\mathrm{s}}$，并将其代入式(6-14)的转子电压方程：

$$\boldsymbol{u}_{\mathrm{r}}=\frac{L_{\mathrm{m}}}{L_{\mathrm{s}}}\frac{\mathrm{d}\boldsymbol{\psi}_{\mathrm{s}}}{\mathrm{d}t}+\mathrm{j}\omega_{\mathrm{s-r}}\frac{L_{\mathrm{m}}}{L_{\mathrm{s}}}\frac{\mathrm{d}\boldsymbol{\psi}_{\mathrm{s}}}{\mathrm{d}t}+\left(\frac{L_{\mathrm{r}}L_{\mathrm{s}}-L_{\mathrm{m}}^{2}}{L_{\mathrm{s}}}\right)\frac{\mathrm{d}i_{\mathrm{r}}}{\mathrm{d}t}+R_{\mathrm{r}}\boldsymbol{i}_{\mathrm{r}}+\mathrm{j}\omega_{\mathrm{s-r}}\left(\frac{L_{\mathrm{r}}L_{\mathrm{s}}-L_{\mathrm{m}}^{2}}{L_{\mathrm{s}}}\right)\boldsymbol{i}_{\mathrm{r}} \tag{6-27}$$

转换到转子旋转坐标系下，则式(6-27)简化为：

$$\boldsymbol{u}_{\mathrm{r}}^{r}=\frac{L_{\mathrm{m}}}{L_{\mathrm{s}}}\frac{\mathrm{d}\boldsymbol{\psi}_{\mathrm{s}}^{r}}{\mathrm{d}t}+R_{\mathrm{r}}\boldsymbol{i}_{\mathrm{r}}^{r}+\left(\frac{L_{\mathrm{r}}L_{\mathrm{s}}-L_{\mathrm{m}}^{2}}{L_{\mathrm{s}}}\right)\frac{\mathrm{d}\boldsymbol{i}_{\mathrm{r}}^{r}}{\mathrm{d}t} \tag{6-28}$$

式中，$\boldsymbol{u}_{\mathrm{r}}^{r}$、$\boldsymbol{\psi}_{\mathrm{s}}^{r}$、$\boldsymbol{i}_{\mathrm{r}}^{r}$ 分别为转子旋转坐标系下的转子电压、定子磁链和转子电流。

双馈风机暂态过程中转子磁链增量对发电机暂态过程的影响远大于定子磁链增量所带来的影响，且定子部分暂态过程的时间常数远小于转子部分暂态过程的时间常数，因此本章在研究双馈风机暂态过程时不考虑定子磁链暂态过程。同时，由于变流器中 IGBT 元件本身的时间常数比起励磁绕组的时间常数小得多，因此忽略转子侧变流器中 IGBT 的惯性时间，即 K_{dc} 在故障瞬间直接变为对应的调制比。由以上分析可知，若故障发生，则认为转子侧励磁电压由初值 $\boldsymbol{u}_{r0}$ 突变至低电压穿越控制电压的参考值 $\boldsymbol{u}_{r\infty}$。由式(6-13)、式(6-28)可知，转子电流与转子励磁电压构成 RL 回路，因此，故障后转子电流为转子励磁电压的阶跃响应。

$$L'_{r}\frac{\mathrm{d}\boldsymbol{i}_{r}^{r}}{\mathrm{d}t}+R_{r}\boldsymbol{i}_{r}^{r}-\boldsymbol{u}_{r}^{r}=0 \tag{6-29}$$

式中，转子暂态电抗为 $L'_{r}=L_{r}-L_{2m}L_{-1s}$。

转子励磁电流的时域解可列写为：

$$\boldsymbol{i}_{r}(t)=(\boldsymbol{i}'_{r0}-\boldsymbol{i}_{r\infty})\mathrm{e}^{-t/\tau_{r}}+\boldsymbol{i}_{r\infty} \tag{6-30}$$

式中，$\boldsymbol{i}'_{r0}$、$\boldsymbol{i}_{r\infty}$ 分别为故障初始时刻转子励磁电流、故障稳态时刻转子励磁电流；τ_{r} 为转子衰减时间常数，$\tau_{r}=\dfrac{L_{r}L_{s}-L_{m}^{2}}{R_{r}L_{s}}$。

考虑到双馈风机参数中 $L_{s}=L_{s\sigma}+L_{m}$、$L_{r}=L_{r\sigma}+L_{m}$，且 $L_{m}\geqslant L_{s\sigma}$、$L_{m}\geqslant L_{r\sigma}$。则由式(6-15)可以将定、转子电流表示为：

$$\begin{cases}\boldsymbol{i}_{s}=\dfrac{L_{r}\boldsymbol{\psi}_{s}-L_{m}\boldsymbol{\psi}_{r}}{L_{s}L_{r}-L_{m}^{2}}\approx\dfrac{\boldsymbol{\psi}_{s}-\boldsymbol{\psi}_{r}}{L_{s\sigma}+L_{r\sigma}}\\[2ex]\boldsymbol{i}_{r}=\dfrac{-L_{m}\boldsymbol{\psi}_{s}+L_{s}\boldsymbol{\psi}_{r}}{L_{s}L_{r}-L_{m}^{2}}\approx\dfrac{-(\boldsymbol{\psi}_{s}-\boldsymbol{\psi}_{r})}{L_{s\sigma}+L_{r\sigma}}\approx-i_{s}\end{cases} \tag{6-31}$$

由式(6-31)可知，在故障期间定子电流与转子电流具有相同的变化规律。因此，受低电压穿越控制策略影响，定子短路电流在故障期间变化机理可表示为：

$$\boldsymbol{i}_{s}(t)=(\boldsymbol{i}'_{s0}-\boldsymbol{i}_{s\infty})\mathrm{e}^{-t/\tau_{r}}+\boldsymbol{i}_{s\infty} \tag{6-32}$$

式中，$\boldsymbol{i}'_{s0}$、$\boldsymbol{i}_{s\infty}$ 分别为故障初始时刻短路电流、故障稳态时刻短路电流。

由式(6-32)可知,当故障发生后,各台双馈风机的短路电流由初始值 $\boldsymbol{i}'_{s0}$ 按转子的时间常数 τ_r 衰减至稳态短路电流 $\boldsymbol{i}_{s\infty}$。由于故障期间风场中各台双馈风机均按式(6-33)的规律变化,因此可认为等效聚合后双馈机群的短路电流也具有近似的变化规律。

(2)永磁风机短路电流变化机理。

永磁风机经全功率变流器连接至电网,电网的故障扰动不会直接影响到永磁风机,其短路电流的暂态特性主要由故障期间变流器的控制策略所决定。而故障后变流器中的 IGBT 元件的时间常数很小,忽略其惯性时间,即故障发生后,变流器控制参考值由初始值迅速调整为低电压穿越参考值。

通过调节变流器电流内环的 PI 环节使永磁风机输出电流的 d、q 轴迅速跟上有功、无功电流参考值,可近似忽略其暂态过程。由式(6-11)可知,故障前后永磁风机的输出电流可表示为:

$$\begin{cases} \boldsymbol{i}_g(t) = \boldsymbol{i}_{g0} = \dfrac{2}{3}\dfrac{P_{0\_PMSG}}{\boldsymbol{u}_{g0}} - \dfrac{2}{3}\mathrm{j}\dfrac{Q_{0\_PMSG}}{\boldsymbol{u}_{g0}}, t < t_0 \\ \boldsymbol{i}_g(t) = \boldsymbol{i}_{g\infty} = \dfrac{2}{3}\dfrac{P_{0\_PMSG}}{\boldsymbol{u}_{g0}} - \dfrac{2}{3}\mathrm{j}\dfrac{Q_{0\_PMSG}}{\boldsymbol{u}_{g0}} + \mathrm{j}K_d(0.9 - u_g)i_N, t \geqslant t_0 \end{cases} \tag{6-33}$$

在故障期间每台永磁风机短路电流均符合式(6-33)所示的变化规律。因此可认为在故障期间聚合等效后的永磁机群具有相同的变化规律,其短路电流由初始值迅速变化至稳态值。

6.4.2 风电场短路电流计算

在建立双馈、永磁单机模型的基础上,结合分群聚合等效方法,求解各机群初始、稳态时刻的短路电流,并依据各机群短路电流的变化规律,即可求取风电场输出的短路电流。

由图 6-15 所示的风电场稳态等值模型与网侧等值电路联立可求得双馈、永磁机群故障后短路电流稳态值 $I_{s\infty}$、$I_{g\infty}$。

由式(6-33)可知，永磁机群的初始短路电流与稳态短路电流近似相等，可认为其在故障期间保持不变；而双馈机群的初始短路电流可根据故障初始时刻磁链不突变原则求取。

当双馈风机机端发生三相短路故障，由式(6-15)消去转子电流得到定子磁链：

$$\boldsymbol{\psi}_{s} = L_{s}\boldsymbol{i}_{s} + L_{m}\boldsymbol{i}_{r} = \frac{L_{m}}{L_{r}}\boldsymbol{\psi}_{r} + \left(\frac{L_{s}L_{r} - L_{m}^{2}}{L_{r}}\right)\boldsymbol{i}_{s} \tag{6-34}$$

将式(6-34)代入定子电压方程式(6-14)可得：

$$\frac{Z_{f}E_{L}}{Z_{f}+Z_{1L}} = R_{s}i_{s} + j\omega_{s}\frac{L_{m}}{L_{r}}\boldsymbol{\psi}_{r} + j\omega_{s}\left(\frac{L_{s}L_{r}-L_{m}^{2}}{L_{r}}\right)i_{s} + \frac{d\psi_{s}}{dt} + \boldsymbol{i}_{s}\frac{Z_{2L}(Z_{f}+Z_{1L}) + Z_{f}Z_{1L}}{Z_{f}+Z_{1L}} \tag{6-35}$$

由于磁链在故障前后不突变，可知在故障初始时刻定子磁链 $\frac{d\boldsymbol{\psi}_{s}}{dt}=0$。对式(6-35)进行化简，可得双馈风机故障初始时刻的短路电流为：

$$\boldsymbol{i}'_{s0} = \frac{j\omega_{s}\frac{L_{m}}{L_{r}}\boldsymbol{\psi}_{r0} - \frac{Z_{f}E_{L}}{Z_{f}+Z_{1L}}}{-\left(R_{s} + X' + \frac{Z_{2L}(Z_{f}+Z_{1L}) + Z_{f}Z_{1L}}{Z_{f}+Z_{1L}}\right)} \tag{6-36}$$

式中，L'_{s}为双馈风机等效定子暂态电感，$L'_{s}=L_{s}-L_{2m}L_{-1r}$；$X'$为定子暂态电抗，$X'=j\omega_{s}L'_{s}$。

由式(6-36)可知，双馈风机故障初始时刻短路电流由 $\boldsymbol{\psi}_{r0}$、R_{s}、X′、E_{L}、Z_{1L}、Z_{2L}、Z_{f}、L_{r}、L_{m}、ω_{s}决定，其中，仅转子磁链初始值 $\boldsymbol{\psi}_{r0}$为未知量，可由故障前工况求取。

根据式(6-20)和式(6-21)，消去定、转子电流，可将初始时刻的转子磁链与故障前双馈风机输出的有功、无功功率以及故障前电压的关系表示为：

$$\begin{cases} \psi_{rd0} = \dfrac{2Q_{0\_DFIG}}{3u_{s}}\left(\dfrac{L_{m}^{2}-L_{r}L_{s}}{L_{m}}\right) + \dfrac{L_{r}}{L_{m}}\dfrac{u_{s0}}{j\omega_{s}} \\ \psi_{rq0} = \dfrac{2P_{0\_DFIG}}{3u_{s}}\left(\dfrac{L_{m}^{2}-L_{r}L_{s}}{L_{m}}\right) \\ \boldsymbol{\psi}_{r0} = \psi_{rd0} + j\psi_{rq0} \end{cases} \tag{6-37}$$

由式(6-37)可知,可由 u_{s0}、P_{0_DFIG}、Q_{0_DFIG} 求得故障初始时刻的转子磁链 $\boldsymbol{\psi}_{r0}$。最终,将转子磁链 $\boldsymbol{\psi}_{r0}$ 代入式(6-36)计算双馈风机初始时刻短路电流 $\boldsymbol{i}'_{s0}$。

由式(6-32)、式(6-33)以及计算得到的初始电流、稳态电流可得双馈、永磁风机群短路电流,进而可求得风电场出线端的短路电流。

6.5 适用于风电场接入的电网故障分析方法

当风电场采用低电压穿越控制模式,为系统电压提供支撑时。由式(6-12)、式(6-24)可知,故障稳态下双馈、永磁风机均输出持续的工频短路电流。其中,双馈风机可表示为电压源与阻抗串联的形式;永磁风机可表示为电流源形式。因此,故障稳态时可建立如图 6-15 所示的风电场简化等值电路,并与网侧电路联立,建立节点电压方程,进行短路电流计算。

当系统发生对称故障时,双馈、永磁风机存在正序的电压源、电流源。对于不对称故障,风电机组锁相环可快速、准确地锁定机端正序电压的相位,并获得正序电压幅值,从而可根据式(6-11)、式(6-23)得到无功电流参考值和相应的有功电流参考值。通过调节变流器电流内环的 PI 环节使短路电流的 d、q 轴分量迅速跟踪上有功、无功电流参考值,可近似忽略其暂态过程。因此,不对称故障时,短路电流的表达式与式(6-11)、式(6-23)相同。由上述分析可知,系统发生对称、不对称故障时,双馈、永磁风机在故障稳态只存在正序的电压源、电流源。由式(6-12)、式(6-24)可知,双馈、永磁风机稳态电压源、电流源可分别表示为:

$$\begin{cases} i_{rd\_ref} = f(u_s) = (\frac{u_{s0}}{j\omega_s L_m} - \frac{2L_s Q_{0\_DFIG}}{3u_{s0}L_m}) + K_d(0.9 - u_s)i_{rN}, \\ \quad (K_d \geqslant 1.5) \\ i_{rq\_ref} = -\frac{2}{3}\frac{L_s P_{0\_DFIG}}{L_m u_{s0}}, (0 \leqslant i_{rq\_ref} \leqslant \sqrt{i_{rmax}^2 - i_{rd\_ref}^2}) \\ E = \frac{2}{3}\frac{\omega_s L_s P_{0\_DFIG}}{u_{s0}} + j\omega_s L_m(\frac{u_{s0}}{j\omega_s L_m} - \frac{2L_s Q_{0\_DFIG}}{3u_{s0}L_m}) \\ \quad + j\omega_s L_m K_d(0.9 - u_s)i_{rN} \\ i_{gd\_ref} = \frac{2}{3}\frac{P_{0\_PMSG}}{u_{g0}}, (0 \leqslant i_{gd\_ref} \leqslant \sqrt{i_{max}^2 - i_{gq\_ref}^2}) \\ i_{gq\_ref} = f(u_g) = -\frac{2}{3}\frac{Q_{0\_PMSG}}{u_{g0}} + K_d(0.9 - u_g)i_N, (K_d \geqslant 1.5) \\ I_g = i_{gd\_ref} + ji_{gq\_ref} = \frac{2}{3}\frac{P_{0\_PMSG}}{u_{g0}} - \frac{2}{3}j\frac{Q_{0\_PMSG}}{u_{g0}} + jK_d(0.9 - u_g)i_N \end{cases} \tag{6-38}$$

式中，i_{rq_ref}、i_{rd_ref}分别为双馈风机转子有功、无功电流参考值；E 为双馈风机的稳态等效电势；$Z=R_s+X$ 为稳态阻抗。i_{gd_ref}、i_{gq_ref}分别为永磁风机变流器输出的有功、无功电流参考值；u_s、u_g分别为双馈、永磁风机机端电压。

以图 6-15 所示的并网混合型风电场为例对风电场接入后的电网短路电流计算方法进行研究。假设在 M 点发生 AB 相接地短路，其正、负序网络如图 6-16 所示。E_L、Z_L分别为系统等值电势、阻抗；Z_{1L}为系统到短路点的等值阻抗；Z_{2L}为风电场到短路点的等值阻抗；Z_f为过渡电阻。

由于，简化风场模型中双馈、永磁风机均并接于集电母线，即双馈、永磁风机机端 $u_s=u_g$。则根据基尔霍夫电压、电流定律，由图 6-16 可得下列方程：

$$\begin{cases} E_L - I_{1L}^{+}(Z_{L+} + Z_{1L+}) + I_{2L}^{+}Z_{2L+} = u_{s+} \\ E - (I_{2L+}^{+} - I_g)Z += u_{s+} \\ E_L - I_{1L}^{+}(Z_{L+} + Z_{1L+}) = I_f^{-}\left(2Z_f + \frac{(Z_{L-} + Z_{1L-})(Z_- + Z_{2L-})}{Z_{L-} + Z_{L-} + Z_{1L-} + Z_{2L-}}\right) \\ I_f^{+} = I_{L1}^{+} + I_{L2}^{+} \end{cases} \tag{6-39}$$

式中，I_{1L}^{+}、I_{1L}^{-}为系统侧提供的正、负序短路电流；I_{2L}^{+}、I_{2L}^{-}为风电场提供的正、负序短路电流；I_{f}^{+}、I_{f}^{-} 为故障点的正、负序短路电流。

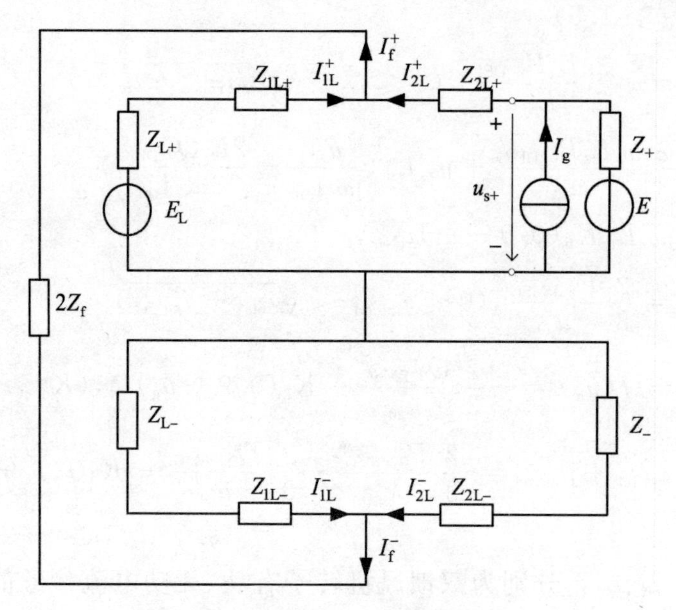

图 6-16　风电场接入的电网序网络图

AB 相短路的边界条件如式(6-40)所示：

$$\begin{cases} I_f^+ + I_f^- = 0 \\ U_f^+ = U_f^- \end{cases} \tag{6-40}$$

式中，U_f^+、U_f^- 为故障点的正、负序电压。

联立式(6-38)～式(6-40)即可求得 AB 相接地短路时，各节点的电压和支路电流。同样，可通过计算获得其他类型故障时电网各节点的电压与支路电流。

构建如图 6-16 所示的电网模型，对上述含混合型风电场接入的电网稳态短路电流计算模型进行验证。表 6-10 为额定工况下，在 M 点发生三相短路时电网各支路短路电流的仿真测试值与模型计算值的对比。表 6-11 为额定工况下，在 M 点发生 AB 相接地短路时电网各支路短路电流正、负序分量的仿真测试值与模型计算值对比。

表 6-10　三相短路时模型计算值与仿真测试值比较

对比情况	系统侧电流		风场侧电流	
	幅值/kA	相角/(°)	幅值/kA	相角/(°)
正常运行	0.17	−7.27	0.17	8.82
仿真测试	5.76	113.47	0.33	−36.15
模型计算	5.75	115.32	0.32	−35.02
等值同步机	5.8	110.34	0.45	38.21
对比情况	故障点电流		风场端电压	
	幅值/kA	相角/(°)	幅值/kV	相角/(°)
正常运行	0.17	−7.27	222.4	7.17
仿真测试	6.06	−65.05	47.28	−2.66
模型计算	6.01	−64.31	45.72	−4.61
等值同步机	5.82	−62.73	32.94	77.83

表 6-11　AB 两相短路时模型计算值与仿真测试值比较

对比情况	系统侧电流				风场侧电流			
	正序分量		负序分量		正序分量		负序分量	
	幅值/kA	相角/(°)	幅值/kA	相角/(°)	幅值/kA	相角/(°)	幅值/kA	相角/(°)
正常运行	0.17	−7.27	0	0	0.17	8.82	0	0
仿真测试	2.98	105.33	3.03	171.03	0.31	−10.71	0.09	−19.61
模型计算	2.97	104.62	3.01	172.87	0.3	−13.75	0.09	−18.64
等值同步机	3.02	101.73	2.97	169.13	0.27	33.29	0.15	−20.14
对比情况	故障点电流				风场端电压			
	正序分量		负序分量		正序分量		负序分量	
	幅值/kA	相角/(°)	幅值/kA	相角/(°)	幅值/kV	相角/(°)	幅值/kV	相角/(°)
正常运行	0.17	−7.27	0	0	222.4	7.17	0	0
仿真测试	2.85	100.32	2.94	172.87	121.08	18.41	94.28	−112.44
模型计算	2.87	102.84	2.95	173.76	120.53	16.73	93.65	−112.6
等值同步机	3.11	109.11	2.8	171.23	97.11	14.71	78.26	−110.32

由表6-10、表6-11可知，在对称和不对称短路情况下，本章提出短路电流计算方法的计算结果与仿真测试结果非常接近，而等效同步发电机的传统方法误差较大。

由于仿真选取的风场规模小，其输出的短路电流有限，传统故障分析方法尚可粗略计算。若风电场大规模集中接入，其输出电流可能超过系统侧提供的短路电流，此时采用不考虑风电场暂态特性的传统分析方法，将会产生更大的计算误差。

仿真验证了采用本章所提的风电场等值模型，能够正确地计算短路电流的幅值与相位。基于该模型建立的含风电场接入的稳态短路电流计算模型，能够有效提高计算准确度，正确分析风电场接入的影响。

6.6 仿真验证及分析

基于电力系统实时仿真设备RTDS搭建了含双馈、永磁风机的混合型风电场仿真测试平台。以图6-15所示的某接入电网的实际混合型风电场为例。其中各台风机通过机端变压器接于35kV集电线，并通过风电场主变接入220kV电力系统。主要相关参数如下：风电场主变压器的变比、短路比分别为220/35kV、11%，双馈、永磁风机机端变压器的变比、短路比分别为35/0.69kV、6%；永磁风机12台，单台额定容量2.0MW，无功增益系数K_d为2；双馈风机24台，单台额定容量2.0MW，定子电阻和漏感分别为0.016pu、0.169pu，转子电阻和漏感分别为0.009pu、0.153pu，励磁互感为3.49pu；线路OM、MN段的等值阻抗分别为(0.97+j2.76)Ω、(1.46+j4.15)Ω，系统等值阻抗为j0.5Ω。

设故障前双馈风机工作于额定工况下，以$t=0.5$s时MN线路M端发生三相短路故障，持续0.2s为仿真测试条件。图6-17(a)为仿真测试中获取的M端三相短路时双馈风机$DFIG_1$短路电流测试值。经由全周傅氏算法提取了短路电流的有效值，可获得图 6-17(b)中的测试轨迹；利用所提的方法计算了短路电流有效值，获得了图 6-17(b)中的模型计算轨迹。

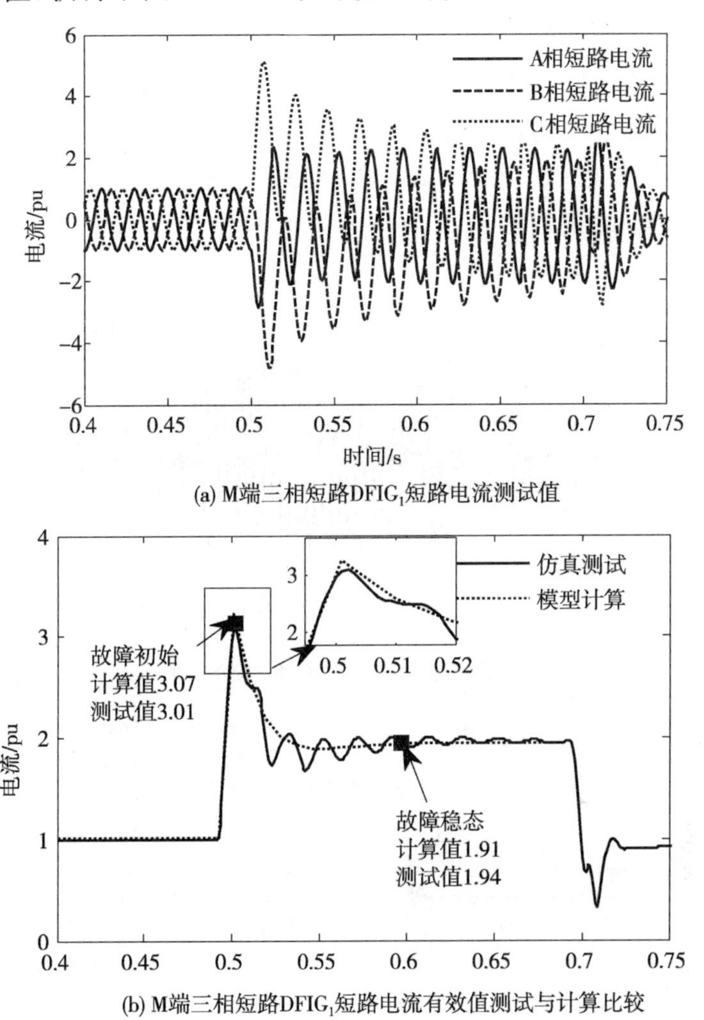

图 6-17　$DFIG_1$ 三相短路电流计算值与测试值比较

由图 6-17(b)可知，在 0.5 s 发生故障时，双馈风机短路电流有效值突增到额定值的 3.01 倍，本章提出的模型计算结果为 3.07pu，与仿真测试的误差为 2.01%，在故障稳态后，仿真测试结果为额定值的 1.94 倍，本章提出的方法计算结果为 1.91pu，与测试结果的误差为 1.6%；且在衰减过程中的曲线拟合度极高，测试值在本章的计算曲线上下波动。由以上分析可知，本章提出的方法可以准确地分析单台双馈风机的短路电流变化机理。

设故障前永磁风机工作于额定工况下，以 $t=0.5$s 时 MN 线路 M 端发生三相短路故障，持续 0.2s 为仿真测试条件。图 6-18(a)为仿真测试获取的 M 端三相短路时永磁风机 $PMSG_1$ 短路电流测试值。经由全周傅氏算法获得图 6-18(b)中的短路电流有效值测试轨迹；图 6-18(b)为 M 端三相短路 $PMSG_1$ 短路电流有效值测试与计算结果比较。

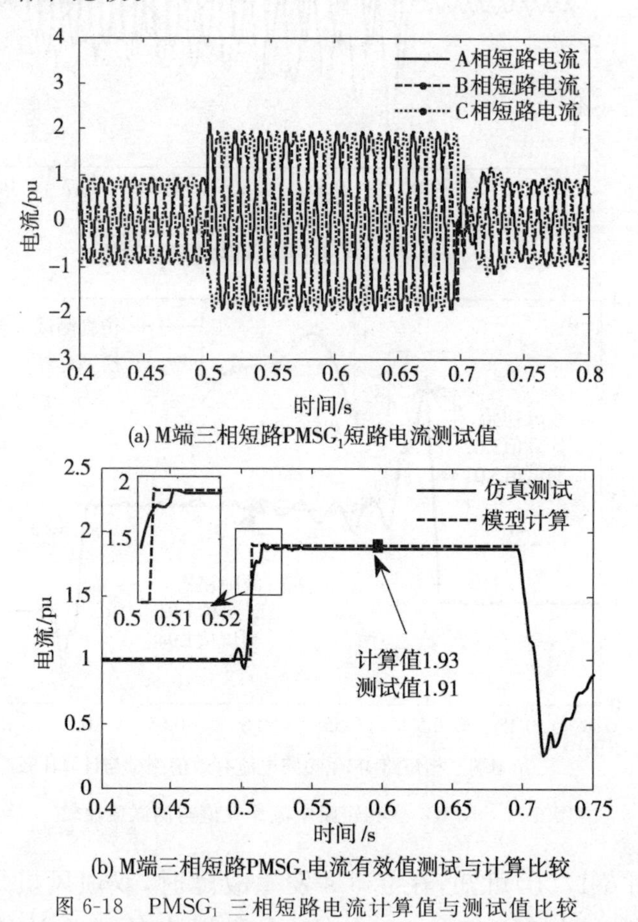

(a) M端三相短路$PMSG_1$短路电流测试值

(b) M端三相短路$PMSG_1$电流有效值测试与计算比较

图 6-18　$PMSG_1$ 三相短路电流计算值与测试值比较

图 6-19(a)为采用聚合等效模型计算得到的双馈机群与永磁机群短路电流，将聚合模型下永磁机群与双馈机群的短路电流矢量加和，可得风场出线端的短路电流轨迹。图 6-19(b)为风电场出线端短路电流测试值，图 6-19(c)为风电场出线端短路电流有

效值测试与计算结果对比图。

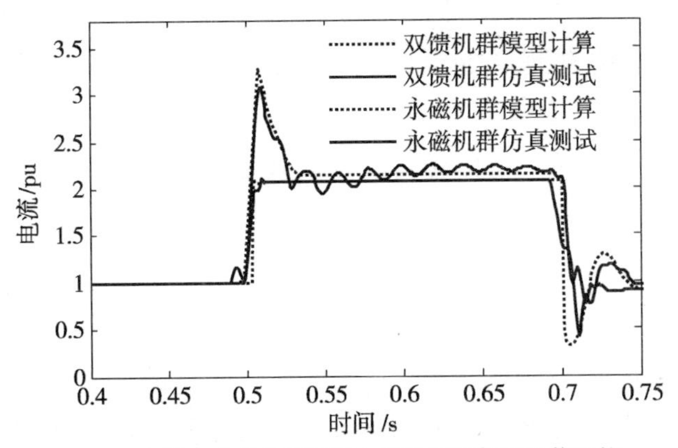

(a) 双馈、永磁机群短路电流计算值与测试值比较

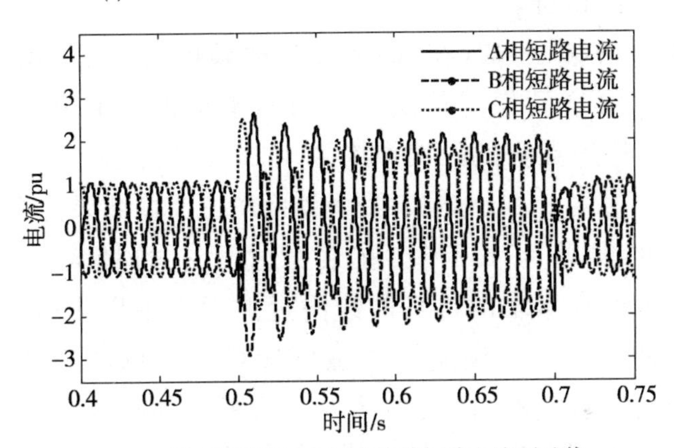

(b) M端三相短路风电场出线端短路电流测试值

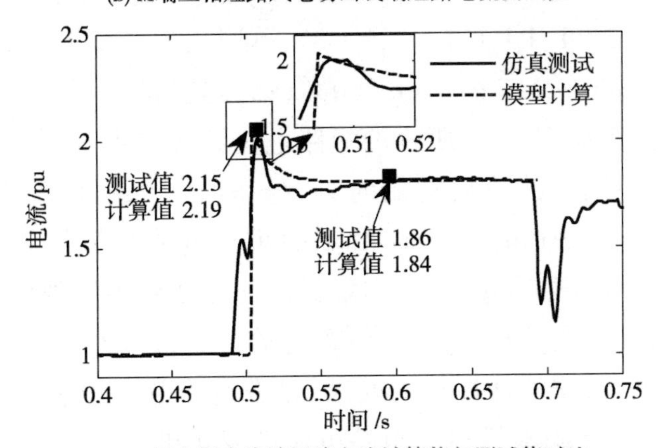

(c)风电场出线端短路电流计算值与测试值对比

图 6-19　风电场短路电流计算值与测试值对比

由图 6-19(b)可知，在 0.5 s 发生故障时，永磁风机短路电流有效值迅速突增到额定值的 1.91 倍，本章提出的模型计算结果为 1.93pu，与仿真测试的误差为 1.05%。由仿真结果可知，永磁风机短路电流在故障后迅速达到稳态值，且在故障期间变化很小，与前文分析得到的永磁风机短路电流变化机理一致。由以上分析可知，本章提出的方法可以准确地分析单台永磁风机的短路电流变化机理。

由图 6-19(a)可知，双馈、永磁机群在聚合等效模型下获得的短路电流计算值与测试值的误差较小。且在故障发生后，由机群短路电流测试值可知，其短路电流变化规律与单机基本一致，这与前文的分析相符。

由图 6-19(c)可知，在 0.5s 发生故障时，风电场出线端短路电流有效值突增到额定值的 2.15 倍，本章提出的方法计算结果为 2.19pu，与仿真测试的误差为 2.1%，在故障稳态后，仿真测试结果为额定值的 1.86 倍，本章提出的方法计算结果为 1.84pu，与仿真测试的误差为 1.2%。在衰减过程中的最大误差不超过 5%，且测试值在本章的计算曲线附近波动。由以上分析可知，本章提出的计算方法不仅能够精确地计算风电场的短路电流的初值与稳态值，还能较准确地描述风电场短路电流的变化规律。

分别在不同双馈、永磁容量比下（双馈风机与永磁风机容量比为 3∶1、2∶1、1∶1、1∶2、1∶3）、不同故障点位置（MN 线上距 M 点 20%、30%、40%、50%、60%、70%处）的条件下，进行了多组测试，获得如图 6-20 所示的短路电流计算结果与测试结果误差图。分别对比了故障后初始时刻、稳态时刻（故障后 100ms），以及动态过程中 20 ms、50 ms 时刻的短路电流计算结果与测试结果的误差。由图 6-20 可知，本章提出的方法对不同故障下短路电流初值的计算误差小于 4%，稳态值的计算误差小于 3%，该误差能满足保护动作特性评估的要求；且在电流衰减过程中的计算误差小于 6%，准确地描述了短路电流的变化机理。

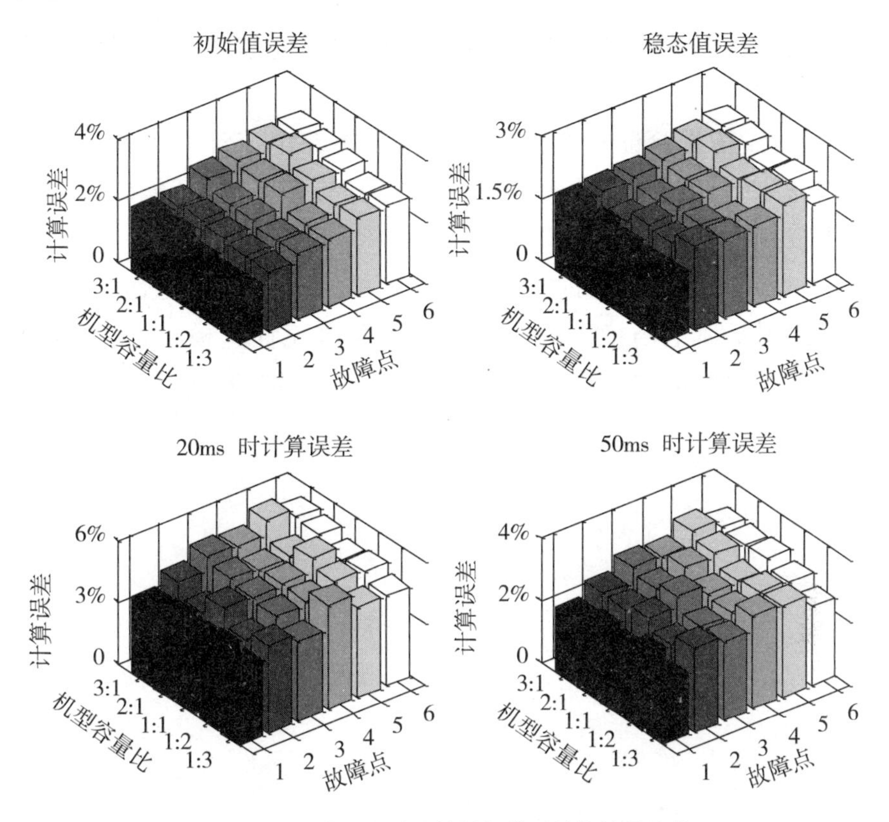

图 6-20 短路电流测试结果与模型计算结果比较

6.7 本章小结

针对大规模风电场故障分析中风机类型多样、现有模型无法等效风电场的故障暂态过程等问题。本章考虑了低电压穿越控制策略的影响，建立了永磁与双馈风电机组的单机等值模型。并在分析故障期间短路电流变化机理的基础上，采用分群聚合等效，提出了混合型风电场的短路电流计算方法。并在此基础上对含风电场接入的电网稳态短路电流计算模型进行了探讨与分析。RTDS 仿真平台的测试结果表明：

(1)本章分析了低电压穿越控制策略对风电机组暂态过程的影响机理，根据我国新的风电并网标准的要求，建立了故障期间永磁风机与双馈风机的等值模型，准确地描述了各类风机的暂态过程。

（2）经仿真验证本章所提的风电场短路电流计算方法不仅能够准确地计算风电场的短路电流的初值与稳态值，还能较准确地描述短路电流的变化规律。

（3）针对故障稳态时双馈、永磁风机等值电路的特性，本章提出了适用于风电场接入的电网稳态短路电流计算模型，实现了风电场接入后对电网对称、不对称故障下各支路短路电流的计算。

第7章　大规模风电场群短路电流计算与故障分析方法研究

7.1 引　言

由于我国风力资源地域分布的特征，风力发电采用集群化开发、集中并网已成为我国风电发展的主要形式。目前我国正在规划建设9个千万kW级风电基地。大量风电场以集群形式接入电网，这给传统电力系统保护带来了巨大的挑战。现在一些现场数据表明在风电场群集中接入的某些地区，风电场提供了较大的故障电流，严重时甚至会超过系统侧提供的短路电流，因此，为满足保护动作特性评估对短路电流计算精度的要求，需要分析风电场群接入的影响，提出相应的短路电流计算方法。

现有研究中大多是将风电场群等效为一台等容量的风电机组来考虑。而集中并网的各个风电场按风资源特性分布，实际距离较远，且各风场运行工况不同，使其在故障后的暂态特性存在较大差异，此外，各风场及系统间存在较强的耦合关系。因此有必要分析风电场群与系统间的相互影响机理，提出适用于风电场群接入的短路电流计算方法。

本章首先基于前文所提出的计及低电压穿越控制策略影响的双馈风电场等值模型特性，分析了风电场输出短路电流与电网节点电压的耦合关系，进一步研究了风电场群内部，以及场群与系统间短路电流的相互影响机理；并在此基础上，提出适用于风电场群接入的短路电流计算方法。其次，采用RTDS建立某实际接入电网的双馈风电场群仿真平台，验证所提出的短路电流计算方法的准确性。最后，在分析双馈风电场等值模型的基础上，提出适用于双馈风电场群接入的电网稳态短路电流计算模型。

7.2 风电场群短路电流计算方法

为不失一般性，以图 7-1 所示某地区实际电网为例对双馈场群短路电流进行具体分析。双馈风电场 $DFIG_1$-$DFIG_4$ 分别通过 220kV 联络线 L1-L6 通过电网节点 A 集中接入主电网系统。由于该实例中各风电场内风机均为同一型号，且风机间距离较短，故障期间其暂态特性基本一致。本章将各双馈风电场等效为一台等容量的双馈风机来代替。

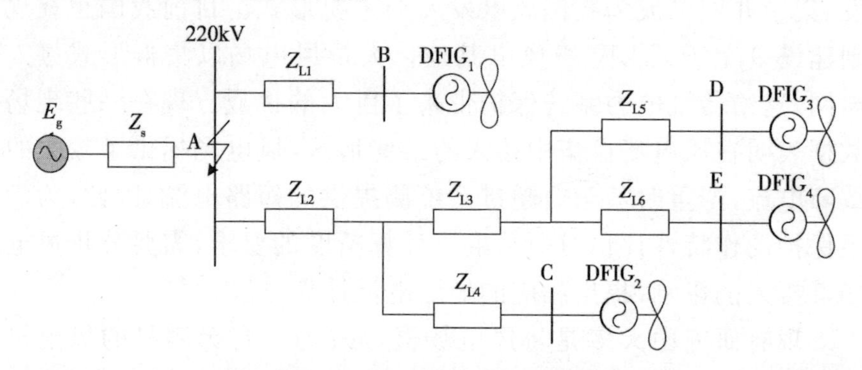

图 7-1 某地区双馈风电场群接线图

其中，E_g 为系统侧的等值电势；Z_g、Z_{Ln} 分别为系统等值阻抗和线路 Ln 的阻抗。设 A 点发生三相短路，I_g、I_{DFIGi} 分别为系统和各双馈风场提供的短路电流。

由第 2 章内容可知，可由故障发生前的运行工况通过式(7-1)求得各双馈风电场初始时刻的转子磁链 $\boldsymbol{\psi}_{r0}$。将计及低穿控制策略影响的双馈风电机等值模型式(7-2)中 $j\omega_s L_m L_r^{-1} \boldsymbol{\psi}_{r0}$ 等效为双馈风场内电势 E'_{DFIGi}，结合故障等值电路可以计算得到各双馈风场的初始短路电流 $I^{(0)}$。

故障初始时刻转子磁链与运行工况关系：

$$\begin{cases}\psi_{\mathrm{rd0}}=\dfrac{2Q_0}{3u_{\mathrm{s}}}\left(\dfrac{L_{\mathrm{m}}^2-L_{\mathrm{r}}L_{\mathrm{s}}}{L_{\mathrm{m}}}\right)+\dfrac{L_{\mathrm{r}}}{L_{\mathrm{m}}}\dfrac{u_{\mathrm{s0}}}{\mathrm{j}\omega_{\mathrm{s}}}\\ \psi_{\mathrm{rq0}}=\dfrac{2P_0}{3u_{\mathrm{s}}}\left(\dfrac{L_{\mathrm{m}}^2-L_{\mathrm{r}}L_{\mathrm{s}}}{L_{\mathrm{m}}}\right)\\ \boldsymbol{\psi}_{\mathrm{r0}}=\psi_{\mathrm{rd0}}+\mathrm{j}\psi_{\mathrm{rq0}}\end{cases}\tag{7-1}$$

故障初始时刻双馈风机等值模型：

$$\mathrm{j}\omega_{\mathrm{s}}\frac{L_{\mathrm{m}}}{L_{\mathrm{r}}}\boldsymbol{\psi}_{\mathrm{r0}}=\frac{Z_{\mathrm{f}}\boldsymbol{E}_{\mathrm{g}}}{Z_{\mathrm{f}}+Z_{\mathrm{1L}}}-\boldsymbol{i}'_{\mathrm{s0}}\left(R_{\mathrm{s}}+X'+\frac{Z_{\mathrm{2L}}(Z_{\mathrm{f}}+Z_{\mathrm{1L}})+Z_{\mathrm{f}}Z_{\mathrm{1L}}}{Z_{\mathrm{f}}+Z_{\mathrm{1L}}}\right)\tag{7-2}$$

式中，L'_{s}为双馈风机等效定子暂态电感，$L'_{\mathrm{s}}=L_{\mathrm{s}}-L_{\mathrm{2m}}L_{-\mathrm{1r}}$；$X'$为定子暂态电抗，$X'=\mathrm{j}\omega_{\mathrm{s}}L'_{\mathrm{s}}$。$\dfrac{Z_{\mathrm{f}}\boldsymbol{E}_{\mathrm{g}}}{Z_{\mathrm{f}}+Z_{\mathrm{1L}}}$为系统侧双馈风电场机端的等效电压，$\dfrac{Z_{\mathrm{2L}}(Z_{\mathrm{f}}+Z_{\mathrm{1L}})+Z_{\mathrm{f}}Z_{\mathrm{1L}}}{Z_{\mathrm{f}}+Z_{\mathrm{1L}}}$为系统侧双馈风电场机端的等效阻抗。

由初始工况所得的各双馈风场内电势 $E'_{\mathrm{DFIG}i}$，结合图 7-1 所示的故障等值电路可以得各双馈风场的初始短路电流 $I^{(0)}$ 为：

$$[E_{\mathrm{g}}\quad E'_{\mathrm{DFIG1}}\quad E'_{\mathrm{DFIG2}}\quad E'_{\mathrm{DFIG3}}\quad E'_{\mathrm{DFIG4}}]^{\mathrm{T}}=Z'I^{(0)}\tag{7-3}$$

式中，Z' 为电网阻抗矩阵；$I^{(0)}$ 为各双馈风场的初始短路电流，$I^{(0)}=[I_{\mathrm{g}}\quad I^{(0)}_{\mathrm{DFIG1}}\quad I^{(0)}_{\mathrm{DFIG2}}\quad I^{(0)}_{\mathrm{DFIG3}}\quad I^{(0)}_{\mathrm{DFIG4}}]^{\mathrm{T}}$。

所求得的各风场初始短路电流 $I^{(0)}$ 注入电网后，将会影响电网中各节点的电压。由节点电压再通过前文所得的双馈风机短路电流衰减规律式(7-4)、式(7-5)，可以求得下一时刻各风场的短路电流，其注入电网后又将使电网中各节点的电压发生变化，这会使风电场群与电网间产生相互影响。

$$\boldsymbol{i}_{\mathrm{s}}(t)=(\boldsymbol{i}'_{\mathrm{s0}}-\boldsymbol{i}_{\mathrm{s}\infty})\mathrm{e}^{-t/\tau_{\mathrm{r}}}+\boldsymbol{i}_{\mathrm{s}\infty}\tag{7-4}$$

$$\begin{cases}i_{\mathrm{rd\_ref}}=f(u_{\mathrm{s}})=\left(\dfrac{u_{\mathrm{s0}}}{\mathrm{j}\omega_{\mathrm{s}}L_{\mathrm{m}}}-\dfrac{2L_{\mathrm{s}}Q_0}{3u_{\mathrm{s0}}L_{\mathrm{m}}}\right)+K_{\mathrm{d}}(0.9-u_{\mathrm{s}})i_{\mathrm{rN}},\\ \quad(K_{\mathrm{d}}\geqslant 1.5)\\ i_{\mathrm{rq\_ref}}=-\dfrac{2}{3}\dfrac{L_{\mathrm{s}}P_0}{L_{\mathrm{m}}u_{\mathrm{s0}}},\left(0\leqslant i_{\mathrm{rq\_ref}}\leqslant\sqrt{i_{\mathrm{rmax}}^2-i_{\mathrm{rd\_ref}}^2}\right)\\ E_{\mathrm{DFIG}i}=-\omega_{\mathrm{s}}L_{\mathrm{m}}i_{\mathrm{rq\_ref}}+\mathrm{j}\omega_{\mathrm{s}}L_{\mathrm{m}}i_{\mathrm{rd\_ref}}\\ Z_{\mathrm{DFIG}i}=R_{\mathrm{sDFIG}i}+\mathrm{j}\omega_{\mathrm{s}}L_{\mathrm{sDFIG}i}\end{cases}\tag{7-5}$$

为精确计算双馈风电场群接入后的短路电流，本章在分析场群与电网间的耦合关系的基础上，选取步长 Δt 为 0.1ms，逐时刻计算故障时段的各风电场的短路电流。具体计算过程如下：

根据所求的各风电场初始短路电流，与电网阻抗矩阵联立可以求得第一个 Δt 内的电网各节点电压 $U_i^{(1)}$。由于计算步长较短可以认为该时间段内电压不变，将该段电压 $U_i^{(1)}$ 代入式(7-5)求得 $I_{s\_refi}^{(1)}$，进一步根据式(7-4)的变化规律可求得该步长末端时刻的各双馈风电场短路电流 $I_i^{(1)}$。

根据所求的各风电场第一个 Δt 时段末端的短路电流 $I_i^{(1)}$，与电网阻抗矩阵联立可以求得第二个 Δt 内的系统各节点电压 $U_i^{(2)}$。代入式(7-5)求得该步长的 $I_{s\_refi}^{(2)}$，进一步根据式(7-4)求得该步长末端时刻各双馈风电场短路电流 $I_i^{(2)}$。

类似的可根据第 k 个计算步长 Δt 内的节点电压 $U_i^{(k)}$ 代入式(7-5)和式(7-4)求取该步长末端时刻的双馈风电场短路电流 $I_i^{(k)}$，并计算下一个 Δt 时间段内的各节点电压 $U_i^{(k+1)}$。

当计算时间大于故障恢复时间，即：$t \geqslant t_a$ 时故障分析结束，输出各 DFIG 风电场的短路电流有效值，上述计算过程如图 7-2 所示：

当系统发生不对称故障，DFIG 变流器可通过锁相环快速、准确地锁定正序电压的相位，并获得正序电压幅值，从而可根据式(7-5)得到无功电流参考值和相应的有功电流参考值。因此，不对称故障时，DFIG 正序电流的表达式与式(7-5)相同，符合式(7-4)的变化规律。

而 DFIG 的负序电流由系统负序电压所决定，其负序等值电路与异步发电机相同，根据系统电路结构，可建立负序等值电路。进一步结合不对称故障的边界条件，建立复合序网电路，按照上述的计算方法可求解双馈场群的不对称短路电流。

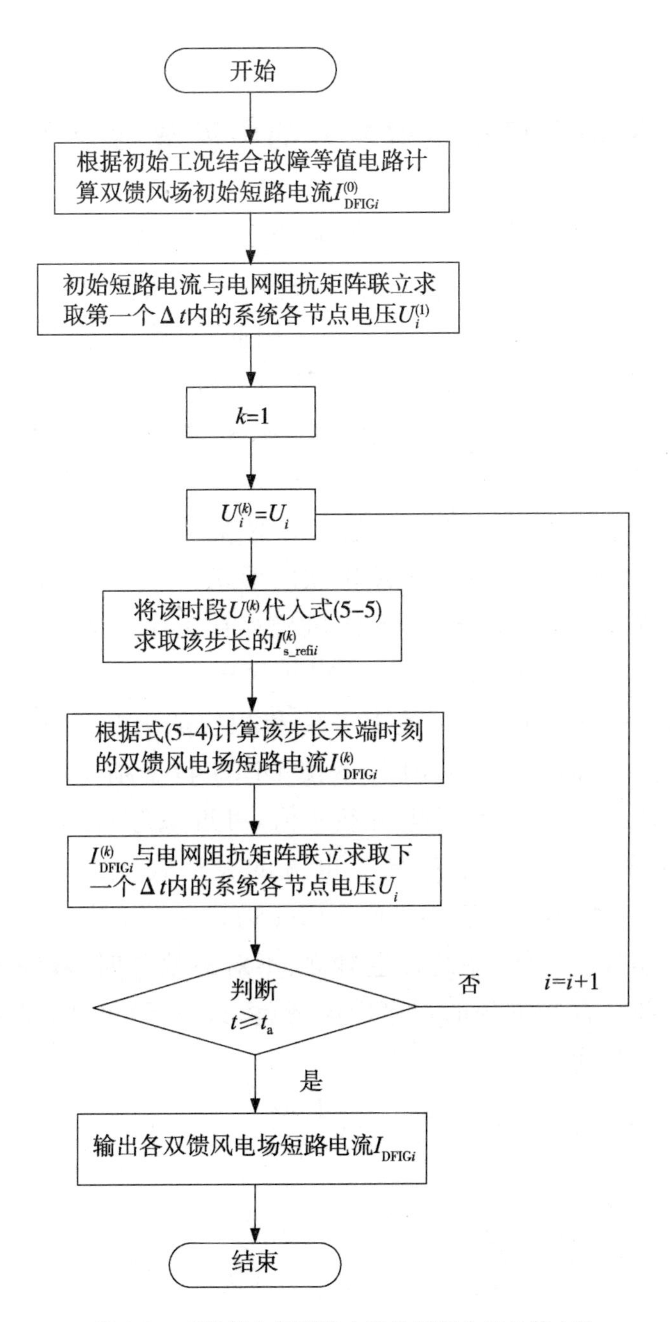

图 7-2　双馈风电场群接入后的短路电流计算方法

7.3 适用于风电场群接入的电网故障分析方法

当 DFIG 采用低电压穿越控制模式，为系统电压提供支撑时，转子侧变流器不再闭锁，提供持续励磁，可认为双馈风机在故障期间由励磁产生持续的工频电势。因此，故障稳态时可与网侧电路联立，建立节点电压方程，进行故障分析。

由以上分析可知，在故障稳态时刻，双馈风机的稳态短路电流可由式(7-5)求得。其中令$-\omega_s L_m i_{rq_ref}+j\omega_s L_m i_{rd_ref}$为双馈风机的稳态等效电势$E_{DFIGi}$，则故障稳态时双馈风机等效电路可表示为$E_{DFIGi}$与稳态阻抗$Z=R_s+X$串联的形式。

当系统发生对称故障时，双馈风机存在正序电势。对于不对称故障，锁相环可快速、准确地获得正序电压的幅值、相位，从而可根据式(7-5)得到无功电流参考值和相应的有功电流参考值。通过调节逆变器电流内环 PI 环节使 DFIG 转子励磁电流的 d、q 轴分量迅速跟踪有功、无功电流参考值，可近似忽略其暂态过程。因此，不对称故障时，DFIG 转子电流的表达式与式(7-5)相同。可以看出：在不对称故障情况下，DFIG 仍只存在正序电势。

由上述分析可知，系统发生对称、不对称故障时，双馈风机在故障稳态都只存在工频的正序内电势，由式(7-5)可知，双馈风机的稳态内电势为：

$$\begin{cases} i_{rd\_ref}=f(u_s)=\left(\dfrac{u_{s0}}{j\omega_s L_m}-\dfrac{2L_s Q_0}{3u_{s0}L_m}\right)+K_d(0.9-u_s)i_{rN}, \\ \quad (K_d\geqslant 1.5) \\ i_{rq\_ref}=-\dfrac{2}{3}\dfrac{L_s P_0}{L_m u_{s0}},\left(0\leqslant i_{rq\_ref}\leqslant\sqrt{i_{rmax}^2-i_{rd\_ref}^2}\right) \\ E_{DFIGi}=\dfrac{2}{3}\dfrac{\omega_s L_s P_{0\_DFIGi}}{u_{s0}}+j\omega_s L_m\left(\dfrac{u_{s0}}{j\omega_s L_m}-\dfrac{2L_s Q_{0\_DFIGi}}{3u_{s0}L_m}\right) \\ \quad +j\omega_s L_m K_d(0.9-u_{sDFIGi})i_{rN} \end{cases} \tag{7-6}$$

由式(7-6)分析可知,双馈风机稳态等效内电势 $E_{\mathrm{DFIG}i}$ 为一个受控电压源,其大小由机端电压 u_s 决定。因此,在故障前后,双馈风机不能像同步发电机一样,等效为恒压源处理。有必要针对故障稳态时双馈风机等效电势的特性,分析双馈场群及系统间的相互影响机理,建立双馈场群接入后的电网短路电流计算方法。

以图 7-1 所示双馈场群接入的某地区实际电网为例进行具体分析。设 A 点发生 AB 两相短路,则电网故障时正序、负序网图如图 7-3 所示。其中,E_g、Z_g 分别为系统等效电势和等值阻抗;$E_{\mathrm{DFIG}i}$、$Z_{\mathrm{DFIG}i}$、$Z_{\mathrm{L}n}$ 分别为各双馈风场的等效电势、稳态阻抗和线路 Ln 的等值阻抗。

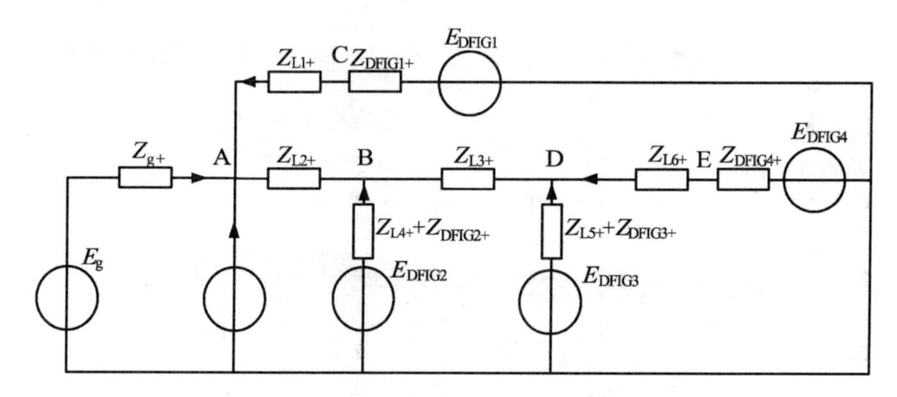

(a) 双馈场群接入电网后正序网络

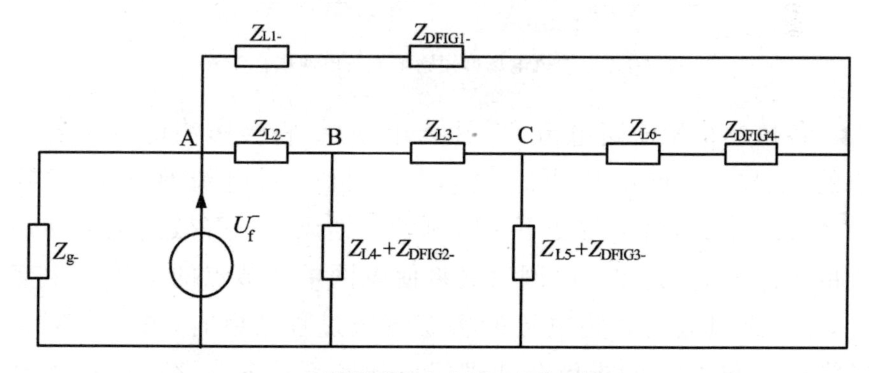

(b)双馈场群接入电网后负序网络

图 7-3　含 DFIG 场群接入的电网复合序网络图

由于，大量 DFIG 接入电网后，系统由单电源供电变为多电源供电。在电网故障后，考虑到风电场间的相互耦合，以及受控制策略影响使得双馈风电场机端电压与等效内电势间存在很强的非线性关系，将使稳态时风电场群故障电流的大小和相位发生变化，其耦合作用关系如图 7-4 所示。

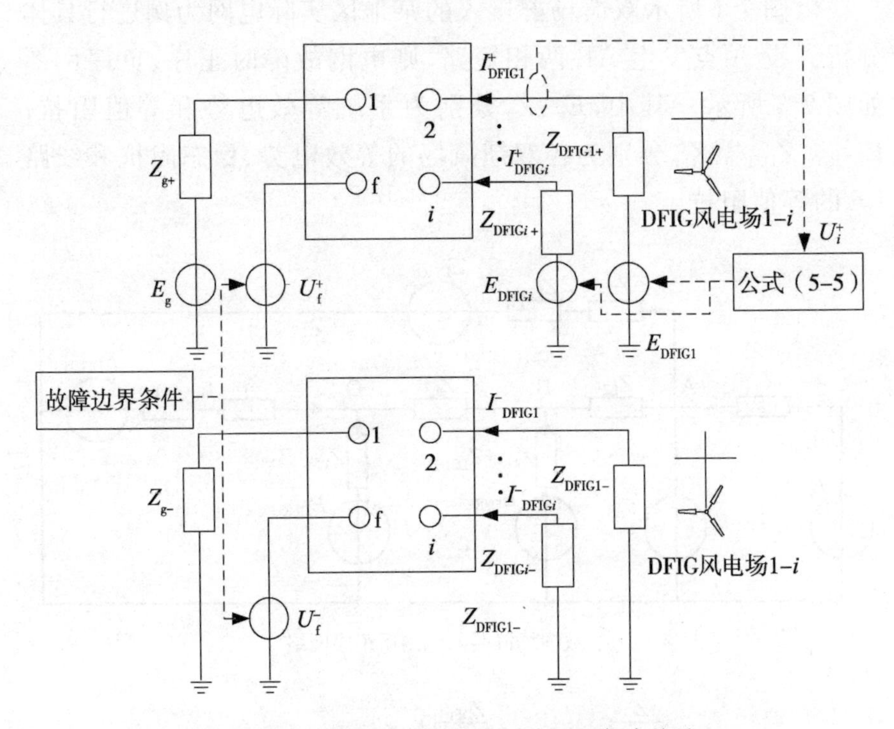

图 7-4　双馈风电场群短路电流与电网耦合关系

各风场初始短路电流 $I^{(0)}$ 注入电网后，将会影响电网中各节点的电压。节点电压再通过双馈风机短路电流衰减规律式(7-4)、式(7-5)，将会改变下一时刻的双馈风电场等效内电势和输出的短路电流，其注入电网后又将使电网中各节点的电压发生变化，当双馈风电场短路电流的暂态衰减过程结束时，可由电网各节点电压和式(7-6)求解各双馈风电场和系统各支路的稳态短路电流。

由图 7-4 可知，故障稳态时，第 i 个双馈风电场的等效内电势 E_{DFIGi} 及内阻抗 Z_{DFIGi} 可由式(7-6)求得，进一步，如图 7-3(a)所示可得到故障稳态时刻电网正序导纳矩阵 Y_+。

$$Y_+ = \begin{bmatrix} Y_{A+} & -Y_{AB+} & -Y_{AC+} & 0 & 0 \\ -Y_{AB+} & Y_{B+} & 0 & -Y_{BD+} & 0 \\ -Y_{AC+} & 0 & Y_{C+} & 0 & 0 \\ 0 & -Y_{BD+} & 0 & Y_{D+} & -Y_{DE+} \\ 0 & 0 & 0 & -Y_{DE+} & Y_{E+} \end{bmatrix} \tag{7-7}$$

其中，$Y_{A+}=1/Z_{g+}+1/Z_{L2+}+1/Z_{L1+}$，$Y_{AB+}=1/Z_{L2+}$，$Y_{AC+}=1/Z_{L1+}$，$Y_{B+}=1/(Z_{L4+}+Z_{DFIG2+})+1/Z_{L2+}+1/Z_{L3+}$，$Y_{BD+}=1/Z_{L3+}$，$Y_{C+}=1/Z_{DFIG1+}+1/Z_{L1+}$，$Y_{D+}=1/(Z_{L5+}+Z_{DFIG3+})+1/Z_{L3+}+1/Z_{L6+}$，$Y_{DE+}=1/Z_{L6+}$，$Y_{E+}=1/Z_{DFIG4+}+1/Z_{L6+}$

式中，Y_{ij+} 为各节点间正序导纳；Y_{g+} 为系统正序等值导纳；Y_{DFIGi+} 为各双馈风电场正序等值导纳。

可列出双馈风电场群接入电网后的故障正序电压节点方程为：

$$\begin{bmatrix} I_{g+} \\ I_{DFIG2+} \\ I_{DFIG1+} \\ I_{DFIG3+} \\ I_{DFIG4+} \end{bmatrix} = Y_+ \begin{bmatrix} U_{f+} \\ U_{B+} \\ U_{C+} \\ U_{D+} \\ U_{E+} \end{bmatrix} \tag{7-8}$$

式中，U_{i+} 为各节点电压；I_{g+}、I_{DFIGi+} 分别为系统侧和各双馈风场提供的短路电流。

由式(7-6)、式(7-8)可知，故障稳态时刻第 i 个双馈风电场的短路电流与机端电压的关系可表示为：

$$I_{DFIGi+} = \frac{1}{R_s+X}\left[X_m\left(\frac{u_{s0}}{X_m}-\frac{2L_sQ_0}{3u_{s0}L_m}\right)-\frac{2}{3}\frac{jX_mL_sP_0}{L_mu_{s0}}-U_{i+}\right] + \frac{X_mK_d(0.9-U_i)i_{rN}}{R_s+X} \tag{7-9}$$

将式(7-9)代入故障节点方程(7-8)进行求解，由于该方程为高阶非线性方程组，无法直接求解，因此本章采用迭代修正方法进行求解，由于节点导纳矩阵 Y_+ 为正定的对称矩阵，故迭代过程一定收敛。因此可选取故障前输出电流为初始值,求解对称故障时各个节点的电压值,以及各风场的正序稳态短路电流。迭代过程可如图 7-5 所示。

同样,对应图 7-3(b)所示的负序网络,可得负序节点节点导纳矩阵 $\boldsymbol{Y}_-$。

$$\boldsymbol{Y}_- = \begin{bmatrix} Y_{A-} & -Y_{AB-} & 0 \\ -Y_{AB-} & Y_{B-} & -Y_{BC-} \\ 0 & -Y_{BC-} & Y_{C-} \end{bmatrix} \tag{7-10}$$

其中,$Y_{A-}=1/Z_{g-}+1/Z_{L2-}+1/(Z_{L1-}+Z_{DFIG1-})$,$Y_{AB-}=1/Z_{L2-}$,$Y_{B-}=1/Z_{L2-}+1/(Z_{L4-}+Z_{DFIG2-})+1/Z_{L3-}$,$Y_{BC-}=1/Z_{L3-}$

$Y_{C-}=1/Z_{L3-}+1/(Z_{L5-}+Z_{DFIG3-})+1/(Z_{L6-}+Z_{DFIG4-})$

从而可以得到如式(7-11)所示负序网络节点方程:

$$\begin{bmatrix} I_{f-} \\ 0 \\ 0 \end{bmatrix} = \boldsymbol{Y}_- \begin{bmatrix} U_{f-} \\ U_{B-} \\ U_{C-} \end{bmatrix} \tag{7-11}$$

AB 相短路的边界条件如式(7-12)所示:

$$\begin{cases} I_{f+} + I_{f-} = 0 \\ U_{f+} = U_{f-} \end{cases} \tag{7-12}$$

联立式(7-9)、式(7-11)、式(7-12),并结合双馈风电场故障稳态时的等值电路,即可求得 AB 两相短路发生后电网各节点电压和支路电流。同样,可以通过计算得到其他类型的故障情况下电网各节点电压和支路电流。

构建如图 7-1 所示的电网模型,对上述双馈场群接入的电网的稳态短路电流计算模型进行验证。表 7-1 为额定工况下,在 A 点发生三相短路时各双馈风电场所在支路短路电流的仿真测试值与模型计算值的对比。表 7-2 为额定工况下,在 A 点发生 AB 两相短路时各双馈风电场所在支路短路电流正、负序分量的仿真测试值与模型计算值的对比。

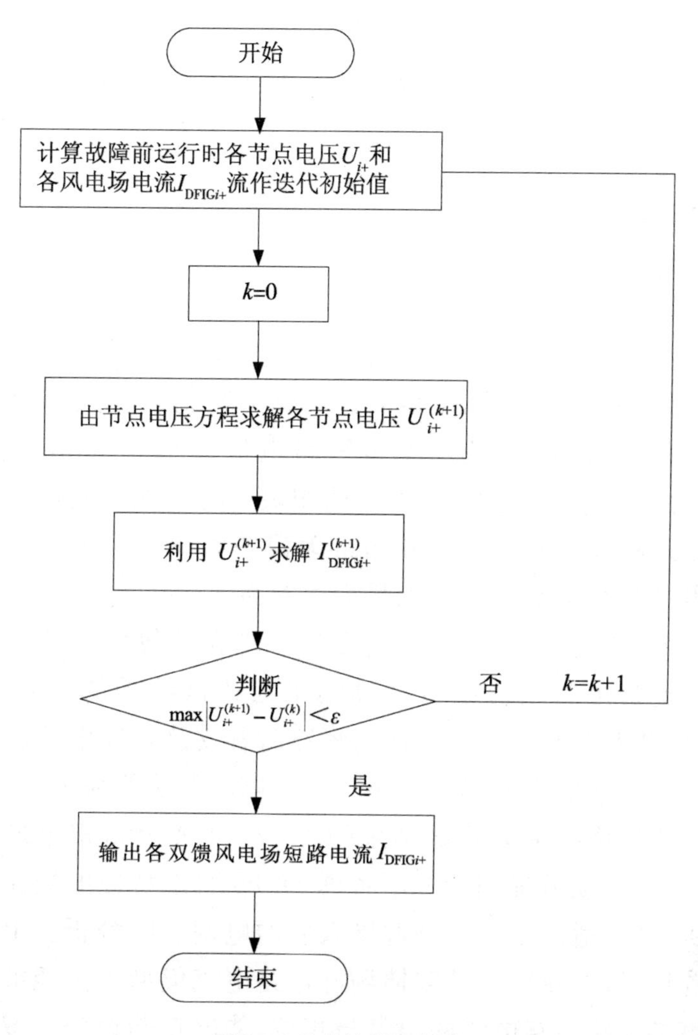

图7-5　迭代计算流程图

表7-1　三相短路时模型计算值与仿真测试值比较

对比情况	支路电流 I_{L1}		支路电流 I_{L4}	
	幅值/kA	相角/(°)	幅值/kA	相角/(°)
正常运行	0.057	23.09	0.083	26.37
仿真测试	0.091	−28.81	0.126	−24.7
模型计算	0.093	−34.57	0.129	−28.43
等值同步机	0.189	−41.31	0.253	−38.23

续表

对比情况	支路电流 I_{L5}		支路电流 I_{L6}	
	幅值/kA	相角/(°)	幅值/kA	相角/(°)
正常运行	0.084	27.96	0.115	18.94
仿真测试	0.117	−22.41	0.202	−31.36
模型计算	0.12	−25.46	0.207	−41.79
等值同步机	0.243	−37.81	0.415	−46.59

由表7-1、表7-2可知，在对称和不对称短路情况下，本章提出电网稳态短路电流计算模型的计算结果与仿真测试结果非常接近。其中，三相短路时各支路短路电流幅值最大相对误差为2.5%，相角最大误差为10.43°；两相短路时各支路短路正序电流幅值最大相对误差为3%，相角最大误差为7.45°，负序电流幅值最大相对误差为1.8%，相角最大误差为2.28°。

而等效同步发电机的传统方法计算误差较大。其中三相短路时各支路短路电流幅值计算结果为测试结果的1.82～2.07倍，相角最大误差为15.4°；两相短路时各支路正序电流幅值计算结果为测试结果的1.87～1.94倍，相角最大误差为16.35°，负序电流幅值计算结果为测试结果的1.27～1.47倍，相角最大误差为3.74°。该误差证明传统不考虑DFIG暂态特性的短路电流计算方法，已不适用于双馈场群接入后的电网故障分析。上述仿真结果验证了，本章所提的双馈场群短路电流模型方法能够较准确地计算各支路短路电流的幅值与相位，能够正确地分析双馈场群接入对电网的影响。

表7-2　AB两相短路时模型计算值与测试值比较

对比情况	支路电流 I_{L1}				支路电流 I_{L4}			
	正序分量		负序分量		正序分量		负序分量	
	幅值/kA	相角/(°)	幅值/kA	相角/(°)	幅值/kA	相角/(°)	幅值/kA	相角/(°)
正常运行	0.057	23.09	0	0	0.083	26.37	0	0
仿真测试	0.073	−21.61	0.042	−23.06	0.104	−17.3	0.057	−23.48
模型计算	0.075	−26.78	0.041	−23.82	0.106	−24.09	0.056	−24.6
等值同步机	0.141	−37.96	0.062	−19.42	0.193	−33.42	0.081	−20.26

续表

对比情况	支路电流 I_{L5}				支路电流 I_{L6}			
	正序分量		负序分量		正序分量		负序分量	
	幅值/kA	相角/(°)	幅值/kA	相角/(°)	幅值/kA	相角/(°)	幅值/kA	相角/(°)
正常运行	0.084	27.96	0	0	0.115	18.94	0	0
仿真测试	0.101	−15.08	0.051	−23.37	0.155	−24.93	0.107	−23.5
模型计算	0.104	−22.53	0.049	−21.29	0.16	−28.215	0.105	−25.78
等值同步机	0.185	−30.69	0.075	−20.85	0.294	−41.25	0.134	−21.41

7.4　仿真验证及分析

基于电力系统实时仿真设备 RTDS 建立了如图 7-1 所示双馈风电场群集中接入电网的某地区实际电网仿真模型。

双馈风电场 $DFIG_1$-$DFIG_4$分别通过 220kV 联络线 L1-L6 通过电网节点 A 集中接入主电网系统，主电网短路容量为 6000MW，短路比为 0.1。模型主要相关参数如下：风电场 $DFIG_1$-$DFIG_4$分别装备额定容量 2MV 的双馈风机 11、16、16、22 台，双馈风机定子电阻和漏感分别为 0.016pu、0.169pu，转子电阻和漏感分别为 0.009pu、0.153pu，励磁互感为 3.49pu。系统等值阻抗为 j0.5Ω，线路 L1、L2 阻抗为(0.194＋j0.487)Ω，L3、L6 阻抗为(0.117＋j0.292)Ω，L4、L5 阻抗为(0.019＋j0.049)Ω。

设故障前各双馈风电场工作于额定工况下，以 t＝0.5s 时 A 点发生三相短路故障，持续 0.2s 为仿真测试条件。图 7-6 分别为距离故障点 A 电气距离最近、最远的双馈场 $DFIG_1$、$DFIG_4$短路电流仿真测试结果与本章所提电网稳态短路电流计算模型结果对比。

通过仿真测得各双馈风电场的短路电流瞬时值，进一步经全周傅氏算法提取了短路电流的有效值，可获得图 7-6(b)、(d)中的测试轨迹，利用本章提出的方法计算了短路电流有效值，获得了图 7-6(b)、(d)中的模型计算轨迹。由图 7-6(a)、(b)可知，在 0.5s 发生故障时，双馈风场 $DFIG_1$、$DFIG_4$ 短路电流有效值突增到额定值的 2.25、1.76 倍，本章提出的方法计算结果为 2.31pu、1.72pu，与仿真测试的误差为 2.7%、2.4%。在故障稳态后，仿真测试结果为额定值的 1.75、1.47 倍，本章提出的方法计算结果为 1.78pu、1.49pu，与仿真测试的误差为 1.7%、1.4%。

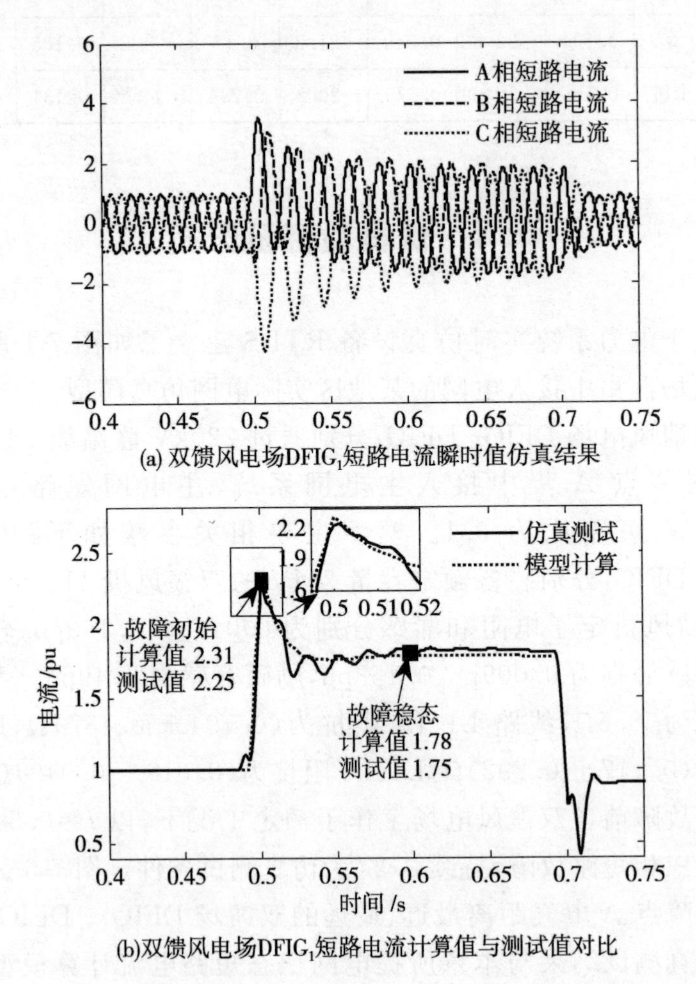

图 7-6 A 点三相短路各风电场短路电流计算与测试值对比

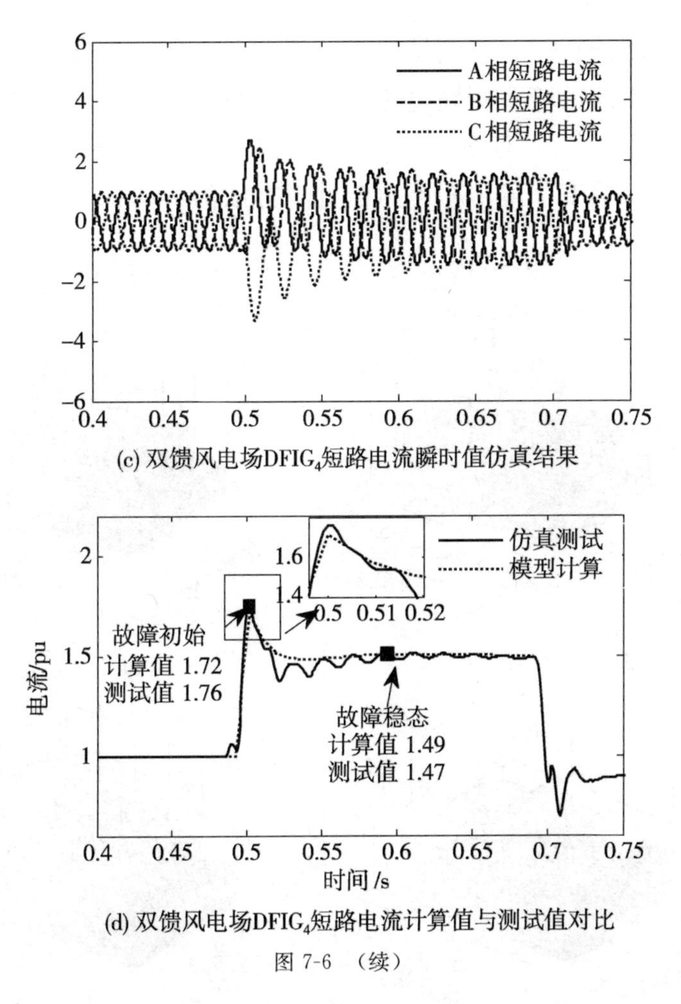

(c) 双馈风电场DFIG$_4$短路电流瞬时值仿真结果

(d) 双馈风电场DFIG$_4$短路电流计算值与测试值对比

图 7-6　(续)

此外由图 7-6(b)、(d)可以看出各风电场短路电流测试值轨迹与本章所提方法计算值衰减变化轨迹基本一致，在衰减过程中的两曲线拟合度极高，且测试值在本章的计算曲线上下波动。由以上分析可知，本章提出的计算方法不仅能够精确地计算短路电流的初值与稳态值，还能准确地描述短路电流衰减过程的变化规律，正确分析各风电场短路电流暂态过程。

分别在不同故障点位置(线路 L2 上距 A 点 20%、30%、40%、50%、60%、70%处)的条件下，进行了多组测试，获得如图 7-7 所示的短路电流计算结果与测试结果误差图。分别对比了故障后初始时刻、稳态时刻(故障后 100ms)，以及动态过程中 20ms、50ms 时刻的短路电流计算结果与测试结果的误差。由图 7-7 可知，本章提出的方法对不同故障下短路电流初值的计算误差小于 4%，稳态值的计算误差小于 3%，且在电流衰减过程中的计算误差均小于 6%，验证了本章所提双馈场群短路电流计算方法的准确性。

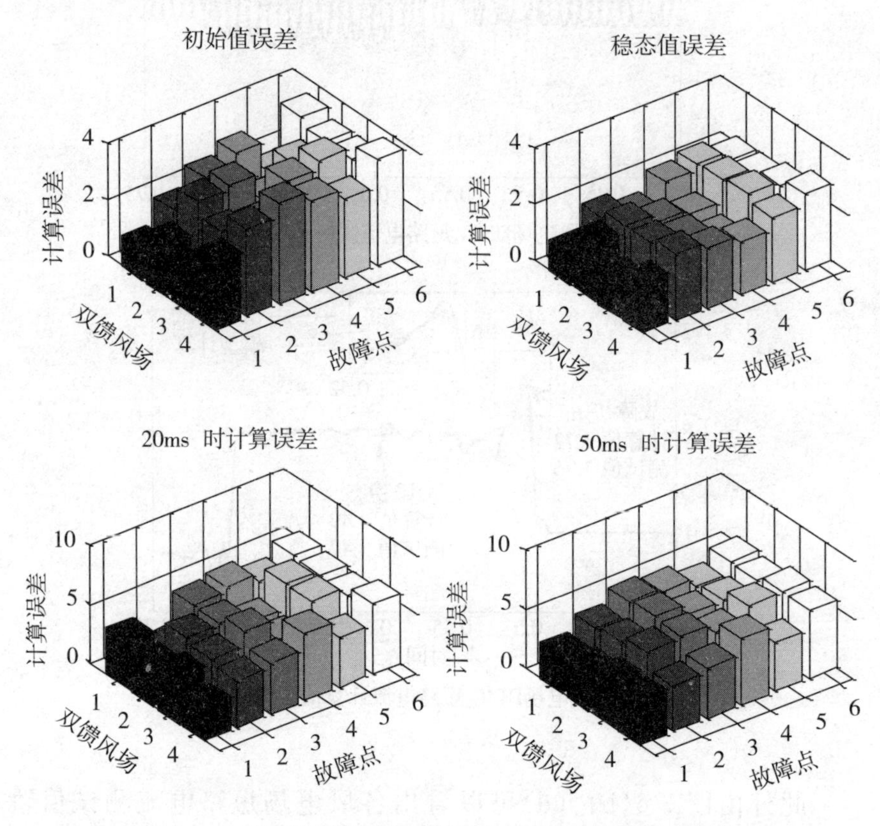

图 7-7　三相短路时短路电流模型计算结果与测试结果误差

设故障前各双馈风场工作于额定工况下，以 $t=0.5$s 时 A 点发生 BC 两相短路故障，持续 0.2s 为仿真测试条件。图 7-8 为 $DFIG_1$、$DFIG_4$ 短路电流正负序分量的仿真测试与计算结果的比较。

由图 7-8 可知，故障初始 0.5s 时双馈风场 $DFIG_1$、$DFIG_4$ 正序短路电流测试值突增至 1.48pu、1.32pu，而本章所提方法的计算结果为 1.51pu、1.35pu，与仿真测试的误差为 2%、2.3%。当达到故障稳态后，短路电流仿真测试结果为额定值的 1.30 倍、1.21 倍，本章提出的方法计算结果为 1.32pu、1.23pu，与仿真测试值的误差为 1.6%、1.7%。

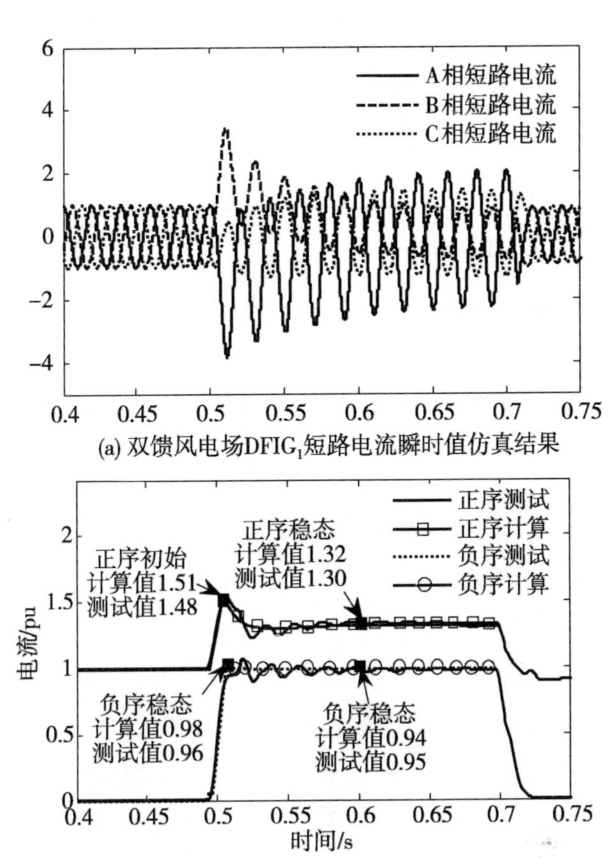

(a) 双馈风电场DFIG$_1$短路电流瞬时值仿真结果

(b) 双馈风电场DFIG$_1$正负序短路电流测试与计算结果比较

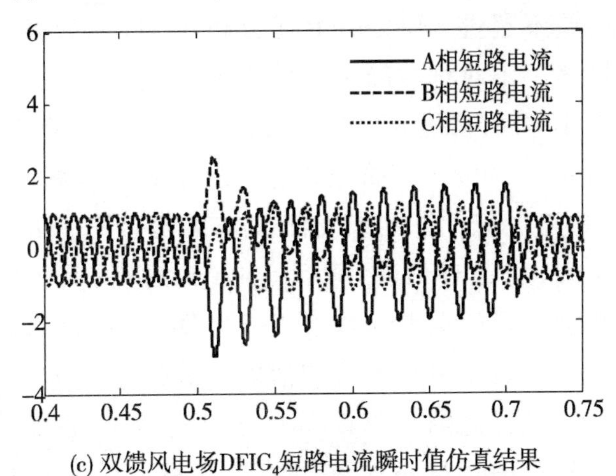

(c) 双馈风电场DFIG$_4$短路电流瞬时值仿真结果

图 7-8 A 端 BC 两相短路时短路电流测试结果与计算结果比较

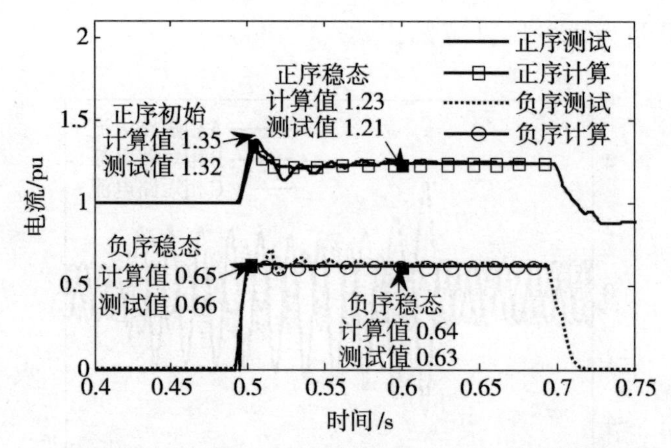

(d) 双馈风电场$DFIG_4$正负序短路电流测试与计算结果比较

图 7-8 （续）

故障初始 0.5s 时双馈风电场 $DFIG_1$、$DFIG_4$ 负序短路电流测试值为 0.96pu、0.66pu，而本章所提方法计算结果为 0.98pu、0.65pu，与仿真测试的误差为 2.1%、1.5%。在故障稳态后，仿真测试结果为额定值的 0.95 倍、0.63 倍，本章提出的方法计算结果为 0.94pu、0.64pu，与仿真测试的误差为 1.1%、1.6%。由于双馈风电场负序电流主要由机端负序电压大小决定，故障期间负序电流衰减程度较小。由模型计算曲线与测试曲线的关系可知，本章所提的模型能够准确地描述正、负序短路电流的变化过程，变化过程中误差不超过 5%。由上述分析可知，本章提出的计算方法准确地描述了不对称故障下短路电流的变化机理。

分别在不同故障点位置（线路 L2 上距 A 点 20%、30%、40%、50%、60%、70%处）的条件下，进行了多组测试，获得如图 7-9 所示的短路电流计算结果与测试结果误差图。分别对比了故障后初始时刻、稳态时刻（故障后 100ms）的正、负序短路电流计算结果与测试结果的误差。由图 7-9 可知，本章提出的方法在不同故障下，对正、负序短路电流初值的计算误差小于 4%、3%，正、负序短路电流稳态值的计算误差小于 3%、3%，验证了本章所提的方法在计算双馈场群不对称短路电流有效值时也具有较高的准确度。

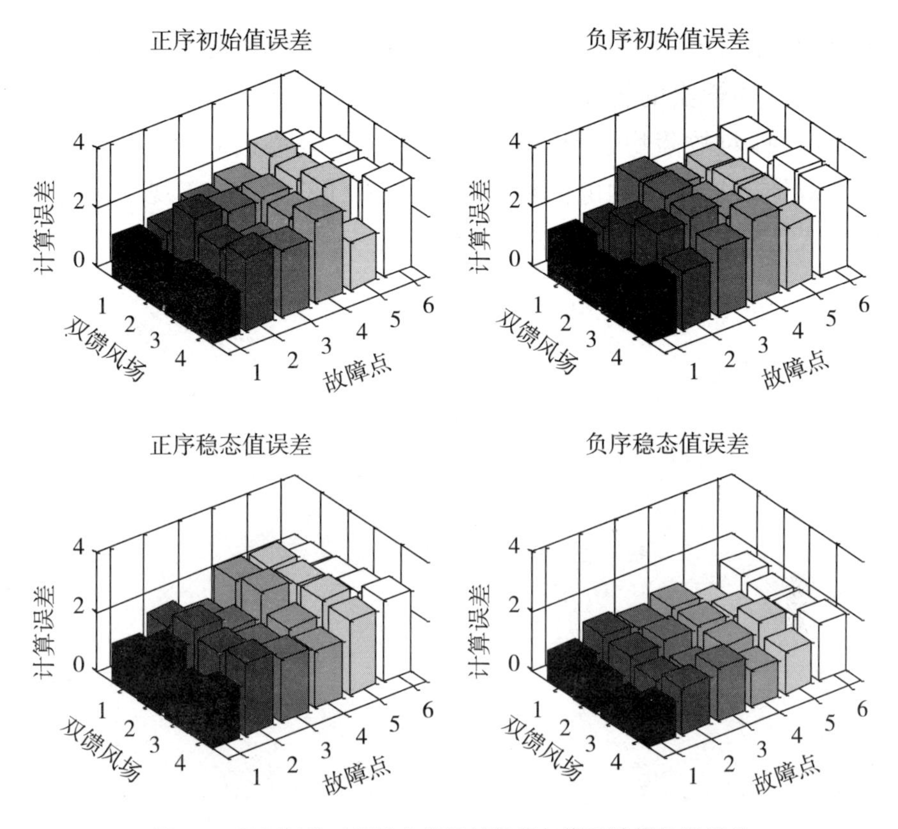

图 7-9　两相短路时短路电流测试结果与模型计算结果误差

7.5　本章小结

针对我国在风力发电采用集群化开发、集中并网后，缺少适应风电场群接入的电网短路电流计算方法这一问题。本章在所建立的风电场等值模型基础上分析了风电场群与系统间短路电流的影响机理，提出了双馈风电场群的短路电流计算方法。并对含双馈场群接入后的电网稳态短路电流计算模型进行了探讨与研究，仿真平台测试结果表明：

(1)本章分析了风电场短路电流与电网节点电压的耦合关系，揭示了风电场群内部，以及场群与系统间短路电流的相互影响机理,提出了双馈风电场群的短路电流计算方法,准确地计算了各风电场输出的短路电流。

(2)针对故障稳态时双馈风电场等效电势的特性,提出了适用于双馈场群接入的电网稳态短路电流计算模型,实现了风电场群接入后对电网对称、不对称故障下各支路短路电流的计算。

第8章　结论与展望

8.1　总　结

针对当前大规模风电场群接入电网后，给电网的保护整定和故障分析带来了挑战，论文系统地研究了风电机组单机、混合型风电场和风电场群的短路电流计算方法，论文的主要工作和研究成果如下：

(1)提出了Crowbar投入情况下计及转子电流动态特性影响的双馈风机短路电流计算方法。从双馈风机暂态内电势变化机理角度出发，计及了Crowbar保护投入后转子电流动态过程的影响，计算了发生三相短路时双馈风机的定转子磁链，提出了一种改进的双馈风机短路电流有效值计算方法。仿真结果证明与以往假设转子Crowbar保护投入后转子励磁电流为零忽略其动态影响的方法相比，所提短路电流计算方法计算得到的短路电流初值和短路电流变化轨迹都具有更高的精度。

(2)提出了计及低电压穿越控制策略影响的双馈风机短路电流计算方法。基于变流器的输入一输出外特性等值建立了变流器数学模型，进一步给出了考虑控制策略的双馈风机暂态模型。在分析低电压穿越控制策略对短路电流影响机理的基础上，提出了计及低电压穿越控制策略影响的双馈风机短路电流计算方法。并针对故障稳态时双馈风机等效电势的特性，提出了适用于DFIG接入的电网稳态短路电流计算模型。采用RTDS建立了某实际双馈风电场仿真模型，验证了所提短路电流计算方法和模型具有较高的准确性。

(3)提出了含多类型风电机组的混合型风电场短路电流计算方法。考虑了故障期间控制策略对风电机组暂态过程的影响,建立了双馈、永磁风电机组的单机等值模型。并在此基础上对风电机组暂态特性的主要影响因素进行分析,采用分群聚合等效的方法,提出了含多类型风机的混合型风电场简化等值模型,进一步分析了故障期间短路电流的变化机理,给出了混合型风电场的短路电流计算方法。针对故障稳态时双馈、永磁风电机组等值电路的特性,提出了适用于风电场接入的电网稳态短路电流计算模型,实现了风电场接入后对电网对称、不对称故障下各支路短路电流的计算。

(4)提出了一种风电场群接入电网后的短路电流计算方法。分析了风电场短路电流与电网节点电压的耦合关系,揭示了风电场群内部以及场群与系统间短路电流的相互影响机理,提出了风电场群的短路电流计算方法。并针对故障稳态时各风电场等值电路的特性,提出了适用于风电场群接入的电网稳态短路电流计算模型,实现了风电场群接入后对电网对称、不对称故障下各支路短路电流的计算。

8.2 展 望

提出风电场群接入电网后的短路电流计算方法,是分析风电场群接入电网对保护影响及研究保护新原理的基础。论文对含风电场群的电网短路电流计算方法进行了一些探索,但仍有许多理论和技术上的难题有待进一步开展研究。

(1)提出风电场及风电场群短路电流计算和故障分析方法是建立含风电场群电网保护整定和配置策略的基础。后续有待进一步基于所提短路电流计算方法提出大规模风电场集中接入后的电网保护整定和配置原则。

(2)以风电机组为代表的新能源电源与传统同步发电机组故障后电磁暂态特性存在较大区别,可能造成现有电网的保护装置不能正确动作。因此有必要基于本章所提的短路电流计算方法深入分析风电场群接入电网后的故障特征,进一步开展适应新能源接入的电网保护新原理研究。

参考文献

[1] 国家能源局. 风电发展“十二五”规划[R]. 北京:国家能源局,2012.

[2] 中国电力企业联合会. 2015 年 1—11 月全国电力工业统计数据一览表 [EB/OL].(2017-12-17). http://www.cec.org.cn/guihuayutongji/tongjxinxi/yuedushuju/2017-12-17/146910.html.

[3] J. Guerrero, F. Blaabjerg, T. Zhelev, et al. Distributed generation: Toward a new energyparadigm[J]. IEEE Industrial Electronics Magazine, 2010, 4(1): 52-64.

[4] 黄涛,陆于平,凌启程,等. 撬棒电路对风电场侧联络线距离保护的影响及对策[J]. 电力系统自动化,2013,37(17):30-36.

[5] 文玉玲,晁勤,吐尔逊·依布拉音. 风电场对电网继电保护的影响[J]. 电网技术,2008,32(14):17-18.

[6] 魏刚,范雪峰,张中丹,等. 风电和光伏发展对甘肃电网规划协调性的影响及对策建议[J]. 电力系统保护与控制,2015,43(24):137-141.

[7] 张梅,牛拴保,李庆,等. 酒泉风电基地短路试验分析及仿真[J]. 电网技术,2014,38(4):903-909.

[8] J. A. Martinez, Martin-Arnedo. Impact of distributed generation on distribution protection and power quality [C]. Proceedings of the 2009 IEEE Power and Energy Society General Meeting, 2009(1): 1-6.

[9] W. EI-Khattam, T. S. Sidhu. Restoration of directional overcurrent relay coordination in distributed generation sys-

tems utilizing fault current limiter [J]. IEEE Transaction on Power Delivery, 2008, 23(2): 576-585.

[10] IEEE Standards Association. IEEE std. 1547.6-2011, IEEE guide for design, operation, and integration of distributed resource island systems with electric power systems[S]. New York: IEEE, 2011.

[11] 尹项根,张哲,肖繁,等. 分布式电源短路计算模型及电网故障计算方法研究[J]. 电力系统保护与控制,2015,43(22):1-9.

[12] W Freitas, J C M Vieira, A Morelato, et al. Comparative analysis between synchronous and induction machines for distributed generation applications[J]. IEEE Transactions on PowerSystems, 2006, 21(1):301-311.

[13] H. Sadegh. A novel method for adaptive distance protection of transmission line connected to wind farms [J]. International Journal of Electrical Power and Energy Systems, 2012, 43(1): 1376-1382.

[14] 陈伟伟,李凤婷,张玉,等. 风电 T 接双电源系统对距离保护的影响分析[J]. 电力系统保护与控制,2015, 43(7): 108-114.

[15] M A Haj-Ahmed, M S Illindala. The influence of inverter-based DGs and their controllers ondistribution network protection[J]. IEEE Transactions on Industry Applications, 2014, 50(4): 2928-2937.

[16] P Nuutinen, P Peltoniemi, P Silventoinen. Short-circuit protection in a converter-fed low-voltage distribution network[J]. IEEE Transactions on Power Electronics, 2013, 28(4): 1587-1597.

[17] J. Morren, S. W. H. Hann. Ridethrough of wind turbines with doubly-fed inductiongenerator during a voltage dip [J]. IEEE

Transaction on Energy Conversion, 2005, 20(2): 437-441.
[18] 张曼,姜惠兰. 基于撬棒并联动态电阻的自适应双馈风力发电机低电压穿越[J]. 电工技术学报,2014,29(2): 271-278.
[19] H Yazdanpanahi, Y W Li, W Xu. A new control strategy to mitigate the impact of inverter-based DGs on protection system[J]. IEEE Transactions on Smart Grid, 2012, 3(3): 1427-1436.
[20] 齐尚敏,李凤婷,何世恩,等. 具有低电压穿越能力的集群接入风电场故障特性仿真研究[J]. 电力系统保护与控制, 2015,43(14):57-62.
[21] 丁茂生,王辉,舒兵成,等. 含风电场的多直流送出电网电磁暂态仿真建模[J]. 电力系统保护与控制,2015,43(23): 63-70.
[22] F Sulla, J Svensson, O Samuelsson. Symmetrical and unsymmetrical short-circuit current of squirrel-cage and doubly-fed induction generators[J]. Electric Power Systems Research, 2011, 81(7): 1610-1618.
[23] 肖繁,张哲,尹项根,等. 含双馈风电机组的电力系统故障计算方法研究[J]. 电工技术学报,2016,31(1):16-23.
[24] MMansour, M S Islam. Impacts of Symmetrical and Asymmetrical Voltage Sags on DFIG-Based Wind Turbines Considering Phase-Angle Jump, Voltage Recovery and Sag Parameters [J]. IEEE Transactions on Power Electronics, 2011, 26(5): 1587-1598.
[25] 曹娜, 黄坤, 于群, 等. 基于动态励磁电流的双馈风机组控制策略[J]. 电力系统保护与控制,2016,44(6):29-34.
[26] 熊小伏, 张涵轶, 欧阳金鑫. 含 SVC 双馈风电机组暂态输出特性仿真分析[J]. 电力系统保护与控制, 2011, 39(19): 89-93.
[27] JLopez, P Sanchis, X Roboa. Dynamic behavior of the dou-

bly fed induction generator during three-phase voltage dips [J]. IEEE Transactions on Energy Conversion, 2007, 22 (3): 709-717.

[28] J. Morren, S. W. H. Hann. Short-circuit current of wind turbines with doubly fed induction generator[J]. IEEE Transactions on Energy Conversion, 2007, 22(1): 176-180.

[29] 郭家虎，张鲁华，蔡旭. 双馈风力发电系统在电网三相短路故障下的响应与保护[J]. 电力系统保护与控制，2010，38 (6)：40-44.

[30] A Rolan, A Corcoles, J Pedra. Doubly fed induction generator subject to symmetrical voltage sags[J]. Energy Conversion, IEEE Transactions on, 2011, 26(4): 1219-1229.

[31] 邢鲁华,陈青,吴长静,等.含双馈风电机组的电力系统短路电流实用计算方法[J].电网技术,2013,27(4):1121-1127.

[32] J Lopez., E Gubia, P Sanchis, et al. Wind turbines based on doubly fed induction generator under asymmetrical voltage[J]. IEEE Transactions on Energy Conversion, 2008, 23(1): 321-330.

[33] 郑重,杨耕,耿华.电网故障下基于撬棒保护的双馈风电机组短路电流分析[J].电力自动化设备,2012,32(11):7-15.

[34] 李啸骢,黄维,黄承喜,等. 基于 Crowbar 保护的双馈风力发电机低电压控制策略研究[J].电力系统保护与控制,2014,42(14):67-71.

[35] 张学广，徐殿国，李伟伟. 双馈风力发电机三相短路电流分析[J]. 电机与控制学报，2008，12(5)：493-497.

[36] 李辉，赵猛，叶仁杰等. 电网故障下双馈风电机组暂态电流评估及分析[J]. 电机与控制学报，2010，14(8)：47-51.

[37] G Pannell, D J Atkinson, B Zahawi. Analytical study of grid-fault response of wind turbine doubly fed induction generator[J]. IEEE Transactions on Energy Conversion,

2010, 25(4): 1081-1091.

[38] TKumano. Effects of output power fluctuation on short-circuit current of induction-type wind power generators[J]. Electrical Engineering in Japan, 2009, 166(3): 27-36.

[39] DXiang Dawei, R Li. Control of a doubly fed induction generator in a wind turbine during grid fault ride-through [J]. IEEE Transaction on Energy Conversion, 2006, 21 (3): 652-662.

[40] 周宏林,杨耕.不同电压跌落深度下基于撬棒保护的双馈式风机短路电流特性分析[J].中国电机工程学报,2009,29(S1):186-191.

[41] H M. Jabr, N C Kar. Effects of main and leakage flux saturation on the transient performances of doubly-fed wind driven induction generator[J]. Electric Power Systems Research, 2007(77): 1019-1027.

[42] 周宁, 付磊, 杨佳, 等. 双馈风力发电系统实时仿真试验研究[J]. 中国电机工程学报,2013,33(S1):8-12.

[43] J Liang, Q Wei, R G Harley. Feed-forward transient current control for low-voltage ride-through enhancement of DFIG wind turbines [J]. IEEE Transaction on Energy Conversion, 2010, 25(3): 836-843.

[44] 撤奥洋, 张哲, 尹项根. 双馈风力发电机故障电流特性的仿真研究[J]. 华中科技大学学报(自然科学版), 2009, 37(9): 107-108.

[45] C Wessels, F W Fuchs. Fault ride through of DFIG wind turbines during symmetrical voltage dip with crowbar or stator current feedback solution [C]. Proceedings of the 2010 Energy Conversion Congress and Exposition Conference, 2010, 1:2771-2777.

[46] 撤奥洋,张哲,尹项根,等. 双馈风力发电系统故障特性及保

护方案构建[J]. 电工技术学报,2012,27(4):233-239.

[47] FSulla, J Svensson,O Samuelsson. Short-circuit analysis of a doubly fed induction generator wind turbine with direct current chopper protection[J]. Wind Energ. 2013, 16(2):37-49.

[48] 欧阳金鑫,熊小伏,张涵轶. 电网短路时并网双馈风电机组的特性研究[J]. 中国电机工程学报, 2011, 31(22):17-25.

[49] 徐岩, 卜凡坤, 赵亮, 等. 风电场联络线短路电流特性的研究[J]. 电力系统保护与控制, 2013, 41(13): 31-36.

[50] M S Vicatos, J A Tegopoulos. Transient state analysis of a doubly-fed induction generator under three phase short circuit[J]. Energy Conversion, IEEE Transactions on, 1991, 6(1): 62-68.

[51] 孔祥平, 张哲, 尹项根, 等. 计及励磁调节特性影响的双馈风力发电机组故障电流特性[J]. 电工技术学报, 2014, 29(4): 256-265.

[52] 全国电力监管标准化技术委员会. GB/T 19963—2011 风电场接入电力系统技术规定[S]. 北京: 中国标准出版社, 2011.

[53] 苏常胜,李凤婷,武宇平. 双馈风电机组短路特性及对保护整定的影响[J]. 电力系统自动化,2011,35(6):86-91.

[54] F D Kanellos, J Kabouris. Wind farms modeling for short-circuit level calculations in large power systems[J]. Power Delivery, IEEE Transactions on, 2009, 24(3): 1687-1695.

[55] I Zubia, J X Ostolaza, A Susperregui, et al. Multi-machine transient modelling of wind farms: An essential approach to the study of fault conditions in the distribution network [J]. Applied Energy, 2012, 89(1): 421-429.

[56] E Muljadi, N Samaan, V Gevorgian, et al. Different factors affecting short circuit behavior of a wind power plant[J]. IEEE Transactions on Industry Application, 2013, 49(1):

286-292.

[57] 张保会,王进,原博,等. 风电场送出线路保护性能分析[J]. 电力自动化设备,2013,33(4):1-5.

[58] C Wessels, F Gebhardts, F Wilhelm. Fault ride-through of a DFIG wind turbine using a dynamic voltage restorer during symmetrical and asymmetrical grid faults [J]. IEEE Transaction on Power Electronics, 2011, 26(3): 807-815.

[59] 任永峰,胡宏彬,薛宇. 基于卸荷电路和无功优先控制的永磁同步风力发电机组低电压穿越研究[J]. 高电压技术,2016,42(1):11-18.

[60] 管维亚,吴峰,鞠平. 直驱永磁风力发电系统仿真与优化控制[J]. 电力系统保护与控制,2014,42(9):56-60.

[61] JF Conroy, R Watson. Low-voltage ride-through of a full converter wind turbine with permanent magnetgenerator [J]. IET Renewable Power Generation, 2007, 1(3): 182-189.

[62] P Nuutinen, P Peltoniemi, P Silventoinen. Short-circuit protection in a converter-fed low-voltage distribution network[J]. IEEE Transactions on Power Electronics, 2013, 28(4): 1587-1597.

[63] 王丹,刘崇茹,李庚银. 永磁直驱风电机组故障穿越优化控制策略研究[J]. 电力系统保护与控制,2015,43(24):83-89.

[64] 罗剑波,陈永华,刘强. 大规模间歇性新能源并网控制技术综述[J]. 电力系统保护与控制,2014,22(22):140-146.

[65] H Yazdanpanahi, Y W Li, W Xu. A new control strategy to mitigate the impact of inverter-based DGs on protection system[J]. IEEE Transactions on Smart Grid, 2012, 3(3): 1427-1436.

[66] O Mohand. Transient analysis of a grid connected wind driven induction generator using a real-time simulation plat-

form[J]. Renewable Energy，2009，34(3)：801-806.

[67] 栗然，高起山，刘伟. 直驱永磁同步风电机组的三相短路故障特性[J]. 电网技术，2011，35(10)：153-158.

[68] AAbedini，A Nasiri. PMSG Wind Turbine Performance Analysis During Short Circuit Faults[C]. Proceedings of the 2007 Electrical Power Conference，2007(1)：457-464.

[69] B Hussain，S M Sharkh，S Hussain，et al. An adaptive relaying scheme for fuse saving in distribution networks with distributed generation [J]. IEEE Transaction on Power Delivery，2013，28(2)：669-677.

[70] 毕天姝,刘素梅,薛安成,等. 逆变型新能源电源故障暂态特性分析[J]. 中国电机工程学报,2013,33(13):167-171.

[71] 张保会,郭丹阳,王进,等.风电分散式接入配电网对电流保护影响分析[J]. 电力自动化设备,2013,33(5):1-6.

[72] M E Baran，I EMarkaby. Fault analysis on distribution feeders with distributed generators[J]. Power Systems，IEEE Transactions on，2005，20(4)：1757-1764.

[73] M Fischer，AMendonca. Representation of variable speed full conversion Wind Energy Converters for steady state short-circuit calculations[C]. Proceedings of the 2012Transmission and Distribution Conference and Exposition，2012 (1)：587-595.

[74] 吴争荣,王钢,李海锋,等. 含分布式电源配电网的相间短路故障分析[J].中国电机工程学报,2013,33(1):130-136.

[75] N Zhou，P Wang，Q Wang，et al. Transient stability study of distributed induction generators using steady-state circuit equivalent method[J]. IEEE Transactions on Power Systems，2014，29(2)：608-616.

[76] J Conroy，R Watson. Aggregate modeling of wind farms containing full converter wind turbine generators with per-

manent magnet synchronous machines: transient stabilities [J]. IET Renewable Power Generation, 2008, 3(1):39-52.

[77] L M Fernandez, C A Garcia, J R Saenz, et al. Equivalent models of wind farms by using aggregated wind turbines and equivalent winds[J]. Energy conversion and management, 2009, 50(3): 691-704.

[78] 米增强，苏勋文，杨奇逊，等. 风电场动态等效模型的多机表征方法[J]. 电工技术学报，2010，25(5)：162-169.

[79] 周海强，张明山，薛禹胜，等. 基于戴维南电路的双馈风电场动态等效方法[J]. 电力系统自动化，2012，36(23)：42-46.

[80] 乔嘉赓，鲁宗相，闵勇，等. 风电场并网的新型实用等效方法[J]. 电工技术学报，2009,24(4)：209-213.

[81] L M Fernández, F Jurado, J R Saenz. Aggregated dynamic model for wind farms with doubly fed induction generator wind turbines [J]. Renewable Energy, 2008, 33 (1): 129-140.

[82] 夏玥,李征,蔡旭,等. 基于直驱式永磁同步发电机组的风电场动态建模[J]. 电网技术,2014,38(6):1439-1445.

[83] 曹娜，于群. 风速波动情况下并网风电场内风电机组分群方法[J].电力系统自动化，2012，36(2)：42-46.

[84] 李明,唐晓军,但扬清,等. 大规模风电集中接入电网的自组织临界态辨识指标提取[J]. 电网技术,2015,39(12)：421-426.

[85] 吕颖,孙树明,汪宁渤,等. 大型风电基地连锁故障在线预警系统研究与开发[J]. 电力系统保护与控制,2014,42(11)：142-147.

[86] Q Wang, N Zhou, L Ye. Fault analysis for distribution networks with current-controlled three-phase inverter-interfaced distributed generators[J]. IEEE Transactions on-Power Delivery, 2015, 30(3): 1532-1542.

[87] 廖志刚,何世恩,董新洲,等. 提高大规模风电接纳及送出的系统保护研究[J]. 电力系统保护与控制,2015,43(22):41-46.

[88] 王清,薛安成,郑元杰,等. 双馈型风电集中接入对暂态功角稳定的影响分析[J]. 电网技术,2016,40(3):877-881.

[89] 刘斯伟,李庚银,周明. 双馈风电机组对接入区域系统暂态功角稳定性的影响分析[J]. 电力系统保护与控制,2016,44(6):56-61.

[90] 吕刚,孙志强. 风电集群并网关键技术取得突破[J]. 中国电业(技术版),2016,20(2): 6-15.

[91] 滕予非,行武,张宏图,等.风力发电系统短路故障特征分析及对保护的影响[J]. 电力系统保护与控制,2015,43(19):29-36.

[92] T N Boutsika, S A Papathanassiou. Short-circuit calculations in networks with distributedgeneration[J]. Electric Power Systems Research, 2008, 78(7): 1181-1191.

[93] C Adamo, S Jupe, C Abbey. Global survey on planning and operation of active distribution networks update of CIGRE C6.11 working group activities[C]. Proceedings of 20th International Conference on Electricity Distribution, 2009(1):962:972.

[94] 夏安俊,乔颖,鲁宗相,等. 直驱型风电场聚合模型误差对电力系统暂态稳定分析的影响[J]. 电网技术,2016,40(2):341-347.

[95] 李欣然,马亚辉,曹一家,等. 一种双馈式风力发电系统的等效模型[J]. 电工技术学报,2015,30(8):210-217.

[96] J Ouyang, D Zheng,X Xiong, et al. Short-circuit current of doubly fed induction generator under partial and asymmetrical voltage drop[J]. Renewable Energy, 2016, 88: 1-11.

[97] 刘勇. 相同风速功率下两种风电机组响应电网短路故障的

对比分析[J]. 电力系统保护与控制,2015,43(23):28-34.

[98] B Wu, M Yang, T Chen. Fault calculation for distributed systems containing DFIG wind generation farm[C]. Proceedings of the 2012 Power and Energy Engineering Conference (APPEEC), 2012(2):1-4.

[99] 孔祥平,张哲,尹项根,等. 计及撬棒保护影响的双馈风力发电机组故障电流特性研究[J]. 电工技术学报,2015,30(8):1-10.

[100] A Luna, F K A Lima, D Santos, et al. Simplified modeling of a DFIG for transient studies in wind power applications[J]. Industrial Electronics, IEEE Transactions on, 2011, 58(1): 9-20.

[101] A Causebrook, D J Atkinson, A G Jack. Fault ride-through of large wind farms using series dynamic braking resistors [J]. IEEE Transactions on Power Systems, 2007, 22(3): 966-975.

[102] 林俐,张凌云,赵双, 等. 考虑多因素关联适用于大系统仿真的风电场暂态模型选取方法[J]. 电力系统保护与控制, 2016,43(6):41-48.

[103] A Naggar, I Erlich. Analysis of fault current contribution of Doubly-Fed Induction Generator Wind Turbines during unbalanced grid faults[J]. Renewable Energy, 2016, 91: 137-146.

[104] 唐浩,郑涛,黄少锋,等. 考虑 Chopper 动作的双馈风电机组三相短路电流分析[J]. 电力系统自动化,2015,39(3): 76-83.

[105] 王晨清,宋国兵,迟永宁,等. 风电系统故障特征分析[J]. 电力系统自动化,2015,39(21):52-58.

[106] A K Pradhan, G Joos. Adaptive distance relay setting for lines Connecting wind farms[J]. IEEE Transactions on

Energy Conversion, 2007, 22(1): 206-213.

[107] 黄涛,陆于平. 投撬棒后双馈风机暂态电势的变化特性分析[J]. 电网技术,2014,38(10):2759-2765.

[108] N Nimpitiwan, G T Heydt, R Ayyanar, et al. Fault current contribution from synchronous machine and inverter based distributed generators[J]. IEEE Transactions on Power Delivery, 2007, 22(1): 636-641.

[109] S Hu, X Lin. Y Kang, et al. An improved low-voltage ride-through control strategy of doubly fed induction generator during grid fault[J]. IEEE Transaction on Power Electronics, 2011, 26(12):3653-3665.

[110] 周念成,王强钢,颜伟,等. 感应发电机接入配电网的短路计算序分量模型及算法[J]. 中国电机工程学报,2014,34(7):1140-1149.

[111] N Zhou, F Ye, Q Wang, et al. Short-Circuit Calculation in Distribution Networks with Distributed Induction Generators[J]. Energies, 2016, 9(4): 277-288.

[112] X Jin, Q Xiong, L Chen, et al. Impact of DFIG-Based Wind Farm on Outgoing Transmission Line Protection [C]. Proceedings of the 6th International Asia Conference on Industrial Engineering and Management Innovation. 2016(1):971-983.

[113] 谭伦农,王肖,陈武晖. 双馈风电机组不对称故障穿越性能优化[J]. 电网技术,2014,38(12):3502-3508.

[114] P K Gayen, D Chatterjee, S K Goswami. A low-voltage ride-through capability enhancement scheme of doubly fed induction generator based wind plant considering grid faults[J]. Journal of Renewable and Sustainable Energy, 2016, 8(2): 27-30.

[115] 徐玉琴,张林浩,王娜. 计及尾流效应的双馈机组风电场等

值建模研究[J]. 电力系统保护与控制，2014，42(1)：70-76.

[116] 熊小伏，欧阳金鑫. 电网短路时双馈感应发电机转子电流的分析与计算[J]. 中国电机工程学报，2012，28：114-121.

[117] 张保会，李光辉，王进，郝治国，刘志远，薄志谦. 风电接入电力系统故障电流的影响因素分析及对继电保护的影响[J]. 电力自动化设备，2012(2)：1-8.

[118] 张艳霞，童锐，赵杰，宣文博. 双馈风电机组暂态特性分析及低电压穿越方案[J]. 电力系统自动化，2013(6)：7-11+62.

[119] S Tohidi，M Behnam. A comprehensive review of low voltage ride through of doubly fed induction wind generators [J]. Renewable and Sustainable Energy Reviews，2016，57 (1)：412-419.

[120] 田新首，王伟胜，迟永宁，等. 双馈风电机组故障行为及对电力系统暂态稳定性的影响[J]. 电力系统自动化，2015，39(10)：16-21.

[121] 欧阳金鑫，熊小伏. 接入配电网的双馈风力发电机短路电流特性及影响[J]. 电力系统自动化，2010(23)：106-110+123.

[122] P Rodriguez，A Timbus，R Teodorescu，et al. Reactive power control for improving wind turbine system behavior under grid faults[J]. IEEE Transactions on Power Electronics，2010，24(7)：1798-1801.

[123] 卓毅鑫，徐铝洋，林湘宁. 风电场动态联合仿真平台构建及风况影响分析[J]. 电工技术学报，2014，29(S1)：356-364.

[124] 侯俊贤，陶向宇，张静，等. 基于低电压穿越控制策略的风电场等值方法[J]. 电网技术，2015，39(5)：1281-1286.

[125] 杨淑英，张兴，张崇巍，谢震，曹仁贤. 电压跌落激起的双馈型风力发电机电磁过渡过程[J]. 电力系统自动化，2008，19：85-91.

[126] 毕天姝，刘素梅，薛安成，杨奇逊. 具有低电压穿越能力的双

馈风电机组故障暂态特性分析[J]. 电力系统保护与控制, 2013(2):26-31.

[127] 关宏亮,赵海翔,刘燕华等. 风力发电机组对称短路特性分析[J]. 电力自动化设备,2008,28(1):61-64.

[128] 郑涛,魏占朋,李娟,王皓靖. 计及撬棒保护的双馈风电机组不对称短路电流特性分析[J]. 电力系统保护与控制, 2014,42(2):7-12.

[129] 孟永庆,翁钰,王锡凡,等. 双馈感应发电机暂态性能精确计算及 Crowbar 电路参数优化[J]. 电力系统自动化, 2014,38(8):23-29.

[130] 熊威,邹旭东,黄清军,等. 基于 Crowbar 保护的双馈感应发电机暂态特性与参数设计[J]. 电力系统自动化,2015, 39(11):117-125.

[131] 邹志策,肖先勇,刘阳,等. 考虑撬棒保护接入的双馈感应发电机转子磁链动态特性[J]. 电力系统自动化,2015,39(22):22-29.

[132] J Hu, Y He. Modeling and control of grid-connected voltage-sourced converters under generalized unbalanced operation conditions[J]. IEEE Transactions on Energy Conversion, 2008, 23(3):903-913.

[133] C Plet, M Brucoli, J McDonald, et al. Fault models of inverter-interfaced distributed generators: experimental verification and application to fault analysis [C]. Proceedings of the 2011 Power and Energy Society General Meeting, 2011(1):1-8.

[134] Y Lin, L Tu, H,Liu, et al. Fault analysis of wind turbines in China[J]. Renewable and Sustainable Energy Reviews, 2016, 55(1): 482-490.

[135] 姚骏,余梦婷,陈知前, 等. 电网对称故障下含 DFIG 和 PMSG 的混合风电场群的协同控制策略[J]. 电工技术学

报,2015,30(15):26-36.

[136] 彭东虎,曹娜,于群. 风电场对继电保护选相元件的影响与改进[J]. 可再生能源,2014,32(4):418-423.

[137] 蔺红,晁勤. 并网型直驱式永磁同步风力发电系统暂态特性仿真分析[J]. 电力自动化设备,2010,30(11):1-5.

[138] 刘素梅,毕天姝,王晓阳,等. 具有不对称故障穿越能力逆变型新能源电源故障电流特性[J]. 电力系统自动化,2016,40(3):66-73.

[139] J Hu, Y He, L Xu, et al. Improved control of DFIG systems during network unbalance usingPI-R current regulators[J]. IEEE Transactions on Industrial Electronics, 2009, 56(2): 439-451.

[140] 张建华,王健,陈星莺,莫岳平,辛付龙. 双馈风机低电压穿越控制策略的分析与研究[J]. 电力系统保护与控制,2011(21):28-33.

[141] 王振树,刘岩,雷鸣,等. 基于 Crowbar 的双馈机组风电场等值模型与并网仿真分析[J]. 电工技术学报,2015,30(4):46-51.

[142] 徐殿国,王伟,陈宁. 基于撬棒保护的双馈电机风电场低电压穿越动态特性分析[J]. 中国电机工程学报,2010(22):29-36.

[143] 毕天姝,李彦宾,马丽红,等. 风场及其送出线保护配置与整定研究[J]. 电力系统保护与控制,2014,42(5):47-50.

[144] 张建华,陈星莺,刘皓明,王平,王冰. 双馈风力发电机三相短路分析及短路器最大电阻整定[J]. 电力自动化设备,2009(4):6-10.

[145] D F Howard, T G Habetler, R G Harley. Improved sequence network model of wind turbine generators for short-circuit studies[J]. IEEE Trans. on Energy Conversion, 2012, 27(4): 968-977.